U0894559

别再说你没时间：

练好职场基本功

〔日〕高嶋美里——著
牛晓雨——译

北京联合出版公司
Beijing United Publishing Co.,Ltd.

Works & Life

图书在版编目（CIP）数据

别再说你没时间：练好职场基本功 /（日）高嶋美里著；牛晓雨译 .—北京：北京联合出版公司，2017.5

ISBN 978-7-5596-0233-6

Ⅰ .①别… Ⅱ .①高… ②美… ③牛… Ⅲ .①成功心理—通俗读物 Ⅳ .① B848.4-49

中国版本图书馆 CIP 数据核字 (2017) 第 077979 号

著作权合同登记　图字：01-2017-2526

别再说你没时间：练好职场基本功

作　　者：（日）高嶋美里
译　　者：牛晓雨
责任编辑：李　征
装帧设计：苏艾设计

北京联合出版公司
（北京市西城区德外大街 83 号楼 9 层　100088）
河北鹏润印刷有限公司　新华书店经销
字数：140 千字　787 毫米 × 1092 毫米　1/32　印张：8.25
2017 年 5 月第 1 版　2017 年 5 月第 1 次印刷
ISBN 978-7-5596-0233-6
定价：36.80 元

九成的人在疲于应付工作

非常感谢您在茫茫书海中阅读了本书。

手捧此书的您，是否也会有以下这些烦恼呢?

“工作总是做不完，每天都在加班……”

“公司的事情占据了自己的绝大部分时间，完全没有私人空间……”

“不擅长利用时间，每天的时间都不够用……”

“想消灭一切浪费时间的行为，过得轻松自在……”

“希望可以有时间来为自己充电……”

如果您也有上述这些感受，并且每天都在为此而烦恼。

那么，毫无疑问，本书一定会对您有所帮助。

哪怕此刻您只是站在书店里翻看这本书，也请继续阅读下去。

有的人疲于应付工作，忙忙碌碌地生活；有的人却能很好地完成工作，还能享受到充实的个人生活。

每一天，前者都因为要加班而忙得不可开交。尽管如此，生活却还是保持着困苦的状态。而后者，不仅可以享受自由自在的私人时间，在工作上也效率惊人，收入也会有所提高。

二者之间的差异，究竟是什么呢？

难道是因为前者具备了与生俱来且无法凭借后天努力来弥补的能力差异吗？

当然不是，根本不是这样的原因。

此二者之间的“差异”并不在能力上，而在一些非常细微的节点上。

能干的人一定具备的能力

从早稻田大学毕业之后，我曾在一家知名补习学校当老师，负责辅导 3000 多位同学。现在，经营着一家教授 IT 技能的学校，在这所学校里辅导着 8000 多位同学。

在对一万多名学生进行仔细观察之后，我发现，在任何事情都能做得很好的学生们身上，有一个共同的特点。

而这一共同点，正和“超级整理法”有关。

学得好的学生，会将自己的桌子、所有物、日程安排等全部打理得井井有条。并且，在对成绩优秀的同学们进行了跟踪调查之后发现，他们即便进入了社会，也会在工作上不断取得成果。

为什么说擅长整理会给工作带来良好的影响？

这是因为，整理得当会使做各种事情的效率显著提高，最终可以节省出很多自由时间。

举一个非常贴近生活的例子，比如对待公司的资料。

当上司问起“有没有那份资料”的时候，你却怎么也找不到需要的资料，还要把抽屉一个一个地拉开来寻找。如果发生了这样的事情，就是在浪费时间。不知您是否也有过这样的时候呢？

而对于这样的情况，只要利用本书介绍的方法，很多问题就能迎刃而解。

在前面，我们提到有的人可以很顺利地完成工作，并且能切实取得成果。这些人似乎从不会陷入疲于应付工作的境地。这是因为，他们能比其他人节约出更多的时间，可以从容地、全力以赴地处理工作。因为，如果时间上很从容，就可以更加细致、完美地把工作处理好。

经常加班的人，乍一看似乎非常努力。但是，仔细观察他们的工作质量，就会发现其效率大多极其低下。

因为繁忙，所以工作的质量有所下降；因为质量下降，所以需要更多的时间来加班。这样便完全陷入了恶性循环中。如此一来，只从结果来看二者之间便拉开了差距。

至此，让我们来总结一下：

1. 所谓能够拿出成果的人，就是可以在各个方面都整理得井井有条的人。

2. 因为，这样的人节约出了更多的时间从而取得成功。

3. 他们因为时间充裕而更加从容，不必对眼前的工作敷衍了事，进而保证了工作品质。

就是这样一回事。

现在您是否明白了“整理”这件事情究竟有多重要呢？！

“超级整理法”你也能轻松实践

不过话虽如此，或许此时，您正在想着“从小我就最不会收拾整理了，所以我肯定做不到的”。

但是，你能行。

不论是多么不擅长整理的人，经过 14 天的训练，就可以切实，并且戏剧性地掌握“整理的能力”，这就是本书所讲述的“超级整理法”。按照书中安排好的顺序，一步一步地前进，不知不觉中，14 天就可以学会整理各种类型的事物，由此就能得到更多自由的时间。

每天可以节约出来的时间，最少也会有 3 小时。

现在，如果给你每天增加 3 小时的话，情况会变成怎样呢？

或许面对工作可以更从容了，还可以再次全身心地投入到自己想做的事情之中。又或许通过投资自己，提高了技能从而收入也有所增加。无论如何，时间为你带来了更多的自由和选择。

实际上，学习过我的“超级整理法”的学生成绩大幅提高，考上了自己心仪已久的学校。上班族也因此提高了工作的效率，不用加班却能收获成果的人也在不断增加。

在本书中，我们将按照以下顺序进行讲解：

“物品的整理”
↓
“信息的整理”
↓
“头脑的整理”

按照这样的流程进行学习，来不断提高整理的能力。

其实没有必要把它想得太复杂。

您需要做的，只是把本书所讲的方法原原本本地实践就可以了。

也许，您可能还会觉得太过简单，而跳过其中的某个步骤。

只需要 14 天，就可以全部解决现在的烦恼，恐怕也不会有比这更棒的事情了吧！

可以大幅改变您人生的“超级整理法”，请一定要从今天起开始实践它。

高嶋美里

目 录

Day 3 第三天 断舍离：将纸质资料电子化

Day 4 第四天 成年人也需要一张时间“课程表”

Day 5 第五天 如何应付那些令人头疼的数据

Day 6 第六天 如何运用云端

Day 7 第七天 一目了然的目录打造完美工作环境

Day 8 第八天 使用工具可让效率事半功倍

Day 9 第九天 做时间的主人

Day 10 第十天 如何通过固定模式节省时间

Day 11 第十一天 用好你的碎片化时间

Day 12 第十二天 如何养成良好的整理习惯

Day 13 第十三天 发布自己的信息内容

Day 14 第十四天 如何管理金钱

写在正式开始前
——如何使用这本书?

从最初对环境的整理到最终对自己大脑的整理，只需要两周的时间就可以完成。在这个过程中，有几个必不可少的工具需要准备。

在这两周内，请一定要坚持使用本书中要求的工具以及必备物品。

在本书所提到的方法中，将会全面使用到谷歌所提供的各种免费服务。例如，电子邮件使用 Gmail、云端存储服务使用 Google Drive（谷歌云端硬盘）、日程管理使用谷歌日历。所有需要使用到的工具都固定在谷歌所提供的产品上。

“还有很多其他的同类产品，那么不论我选择哪一个都是可以的吧”，如果抱有这样的想法，那么，在两周的时间里，要彻底地整理好自己的大脑就会变得非常困难。

另外，可能还有不少朋友喜欢使用纸质的日程本。但是，在这两周的时间里，让我们抛开纸质日程本，把一切日程都记录到谷歌日历中去吧。

此外，有的公司或许会要求自己的员工使用指定的云端存储服务。但是，在实践本书方法的两周里，请使用谷歌云端硬盘服务。之前从来没有使用过的朋友，可能会因此有些许抵触情绪。但是，如果不准备好这些所有的前提条件，收到的效果将会大打折扣。请一定要提前准备好一个谷歌网站的账号。

因为对于整理而言，最重要的就是要把所有要使用到的工具和物品都集中到同一个地方，而不是左一处右一处地到处使用多个整理工具。而最符合这一条件的就是谷歌所提供的服务。

在谷歌提供的服务中，有一项和微软公司制作的 Word 和 Excel 软件具有相同功能的服务，即谷歌文档以及谷歌表格。

在本书所介绍的众多整理方法中，还介绍了一种既不使用 Word 也不使用 Excel，只需要使用谷歌提供的工具就能完成工作的方法。利用这种方法，预计将会大幅缩短工作时间。因此，请把“放弃用惯的 Word 和 Excel”这一想法认真地记在脑海中。

说起日程管理就要想到谷歌日历，说起云端存储服务就要想起谷歌云端硬盘，说起邮件则要把自己的邮件自动转发到 Gmail 中。

注意事项就到此为止。那么，让我们赶紧进入第一天的课程吧！

Day 1

第一天

工作环境的整理

你的办公桌上有什么

对于上班族而言，工作的场所应该就是自己的办公桌了吧。

既然要学习整理，自然必须从整理工作场所中的物品开始。桌子上堆放着各类物品，在这样的状态下自己的思绪自然也无法得到整理。

但是，在还没有到达整理思绪的现阶段，不用过多地去在意这件事。

首先，请仔细观察自己的桌子，其中都有什么？

现在，请把自己的桌子、抽屉中的物品列个清单出来，并且从这些物品里，把平日里经常使用的东西挑出来。

在清点的时候，把同样类别的物品算作一个种类。然后数一数一共有几种物品。

属于同一类的物品要算在同一个类别里。比如，有若干支笔，则把它们全部算作“笔”这一类里。如果同时在使用多个便笺，即便颜色或形状不同，也全部算作“便笺”这一类。如果是智能手机或日程本这类数量只有一件的物品，则直接计算。

现在清点结束了，一共有多少种物品呢?

我想，可能会有数十种的物品集中在你的办公桌上吧。

接下来，**请把这些物品按照使用频率来排序：**每天都要使用的、几天才会用一次的、每周用一次的、每月用一次的物品，等等。

一次都没有用过的物品，当然是要当场就处理掉的。如果有多件同类的物品会影响到我们，就只留下一件。如果有两个订书机，或有两个同样用途的数据线等，就要减少其数量。

必备物品只需要 20 种？！

接下来，是个对大家来说稍微有些难度的重点。那就是，从刚刚清点好的那些物品中，筛选 20 种出来。

“啊？只能留下 20 种！就靠这些能完成工作吗？”

或许有的读者会因此而担心。但是，请仔细地想一下。

为了能够最终筛选出 20 种物品，那么，一定会不得不舍弃掉使用频率较低的物品吧。反过来说，每个月只会用到一次的东西，还有必要留在自己的桌子上吗？

举例来说，装订资料用的打孔器，是不是只有每个月一次的统计工作会使用到？把打孔器归还到公共空间里，等到需要使用的时候再从中拿取不是就可以了吗？

我在补习学校教给学生们整理方法的时候，会让同学们列举出经常使用的必备品，几乎每个学生列举出的物品都在 20 个左右。

“因为他们是补习班的学生，跟工作了的人情况不一样。学生只要专注于学习就可以了，本身也不会有太多的东西吧？”或许有的读者会有这样的疑问。

但是，不论是为了学习，还是为了工作，抑或是为了兴趣，**真正需要的物品最终只会有 20 个。**因为，如果所处环境中的物品有 20 种以上，就超过了人可以把握的界限。

如果持有的物品数量超过了自己可以把握的范围，是无法做到看一眼就能马上找到自己需要的物品的。

当自己坐在办公桌前工作的时候，经常要使用的物品应该处于可以马上拿出来使用的状态。但是，如果自己无法准确把握物品的位置，就会产生寻找的动作。而且从实际情况来看，如果放置了太多的物品，就无法确保物品可以放置在便于拿取的位置上。

因此，这样的要求可能有些严格，请把自己真正需要使用的物品限制在 20 个种类里，并且现在就把办公桌上不需要的物品整理好。**只做到了这一点，一个月之后，补习班学生们的偏差值就平均提高了 3 点之多。**只需要把最常用的物品筛选到 20 种，上司对你工作的评价也一定会有所提高。

请把东西收进抽屉

现在，我想应该已经有相当一部分物品收拾好了。

接下来，让我们把这些物品从桌子上，全部收纳到办公桌自带的抽屉里去。

“唉？不可能！桌子上还有很多装着资料的文件夹呢……”

有这种想法的读者，需要接下来的纸质文件的整理方法。不过，这些内容都会在下一日的课程中进行讲解。在今天的课程中，请先遵守三分法把东西收进抽屉里。

会出现在办公桌范围内的物品，大致可以分成三种。

第一种是文具类的物品。笔、订书器、印章、回形针、计算器，等等。

第二种是智能手机等私人物品。茶包、小点心、按摩器等。我想应该会有不少人都备有这些物品，这些物品也算在内。

第三种是文件资料等物品。书籍、杂志等纸质文件、资料都可以算在这个类别里。

通常公司使用的办公桌，其自带的不同大小的三层抽屉，刚好可以把这些物品分成三类收纳起来。

从抽屉的深度上来看，最上面的抽屉是最浅的。中间一层的稍微深一些，最下一层的抽屉是最深的，三种大小的抽屉对应了三个种类的物品。也就是说，只要把已经分好类的必备物品，全部放进属于它们这类东西的抽屉中去就可以了。

即最上面的抽屉放文具类的物品。中间的一层放自己的私人物品。最下层的抽屉收纳文件相关的物品。

如果抽屉无法收纳完所有的物品，则说明目前筛选出来的物品还是过多。

文具迷们可能会有很多支同一类笔的情况。借此机会挑选出自己真正喜欢、经常使用的笔吧。

如果是彩色的笔，每一种颜色只留下一支；同样大小的便笺只留下一个。请按照这样的方式，根据用途严格地挑选。

在挑选的时候，如果发现了快没有墨水的笔，抑或是因其形状而难以使用的东西，请迅速处理掉，或者更换掉，只留下可以立即使用的东西。

桌子周边物品放入配箱中

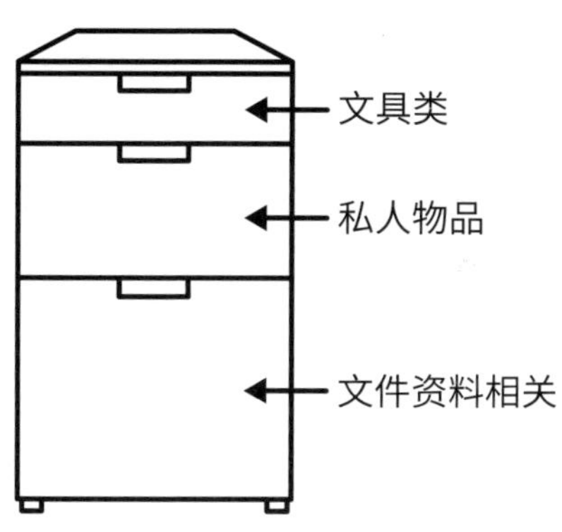

[上段]

笔
订书机
个人印章
计算器
……

[中段]

手机
数据线类
茶
咖啡
零食
……

[下段]

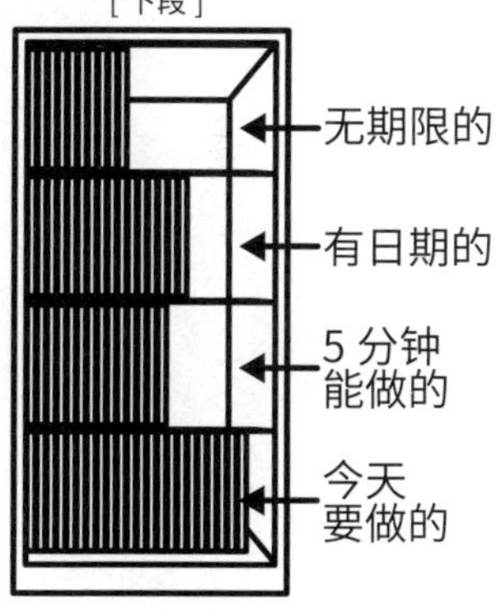

将文件
分四类放入

你知道你的东西都放在哪里了吗

在把物品收纳到抽屉里的时候，没有必要让它们排列得整整齐齐。此时最重要的是，自己可以清楚地知道在哪个地方有什么物品。

因此，不必要像拼拼图一样严丝合缝地让物品整齐地排列起来。没有必要整理得一眼望去所有物品都排列整齐的样子。

看到的时候就能立即找到，不需要挪开其他物品也能马上取出需要的东西，只要自己知道“在这里有这样一件物品”，就足够了。

有的人的抽屉在打开的时候，物品的陈列或许看起来杂乱无章。但是，物品的主人却能够从那里立刻拿出来需要使用的物品，在把东西放回去的时候，也能准确地放回到固定的位置。这就叫作整理得当的状态。

在视觉上做到一目了然是非常重要的。因此，即便把物品收纳得看起来井然有序，但是，如果不能直观地看到它，不知道有其存在，那么这样也不是整理得当的状态。

此外，也不可以让东西没有一个固定的位置。如果是非常小的物品，收纳到盒子里，或者确保它不会丢失而放到透明的袋子里，然后再给它们分配一个固定的位置。

没有必要去购买高价的收纳用具。透明的袋子或者文件筐等物品，在百元店就可以买齐。

你需要一个便携包

现在，所有必要的物品都已经收纳到抽屉中，并且能够快速地找到我们要用的物品了。但是在实际工作中，我们的工作场所并不局限于办公桌前。

在因开会或商洽等需要离开桌子的情况下，你是否也有过带上了笔和日程本，却落下了其他东西而不得不折回去拿的时候？

即便办公桌整理得便于一件一件地取出待用的物品，但是在准备需要带出去的物品时，也要分别从不同的地方取出来，这难道不是在浪费时间吗？

在自己座位之外的场所工作的时候，经常要带出来的物品，在某种程度上都是相对固定的。

商洽时需要使用的笔和笔记本，如果需要估价的话还要带上计算器，需要和对方确认安排的时候，要带上日程本以及（智能）手机……为了能够在最短的时间里准备好这些物品，只要事先准备好一个便携包就行了。

以我的情况来说，因为需要定期举办讲座，为此我专门准备了一个便携包。

签字笔、方便填写调查问卷的圆珠笔若干支、胶带、订书器、白纸、姓名牌、收据等要用到的物品都会放入这里。

此外，收据上已经全部提前盖好了印章，因此不需要现场拿出印章再盖。

当临近开始的时间，只要带上它们去就可以。完全不需要再思考要带什么物品，也不需要再准备。不用备忘清单来检查，也不会有东西会忘记带。**创造出这样不需要再准备的环境是最重要的。**

所以，根据自己的使用目的，为经常需要带到某个地方去的物品制作一个方便使用的便携包吧！

如果需要经常带上平板电脑或者笔记本电脑，只要把保护套或者充电器等物品提前放到同一个便携包里，外出的时候就不会出现意外状况。

而诀窍就是**把它们放到一个能够看到包内物品的透明的（文件）袋子里或者盒子里**。用百元店里的透明袋子即可。

这类用具有多种尺寸，根据自己要带的东西选择一个合适的尺寸，在标签上写清楚这是为了什么而做的便携包（用途），再贴到便携包上去就可以了。

准备好一个便携包

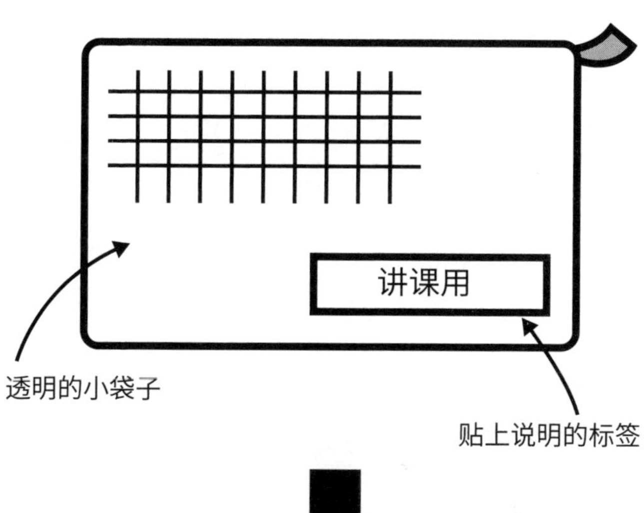

- 签字笔
- 填写问卷的圆珠笔
- 胶带
- 订书器
- 白纸
- 名牌
- 已盖好章的收据

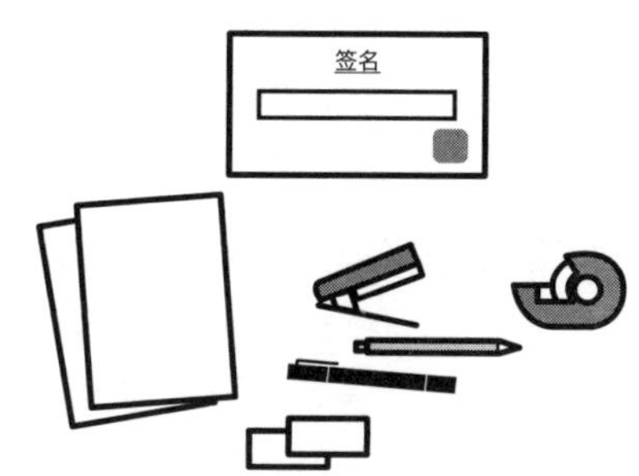

良好的工作环境就是成功的一半

在此前讲解过的整理方法中，其重点就是创造一个使自己不会迷茫的工作环境。

人都有忘性，因此，利用透明的盒子或者袋子，可以让人一眼就看到里面都有哪些物品。如果有多个同类的物品，贴好标签，标明是何种物品比较好。

这样的方法，不仅适用于自己办公桌上的物品，也适用于公共物品。对于同事和部门之间的人来说也有很大的帮助。

有时候，物品在收进盒子或者抽屉之后，不打开来看就不知道里面存放着哪些物品……对于这样的情况，在确定了固定的存放位置后，在所放物品的位置贴上标明物品内容的标签。

这样一来，不仅自己在需要的时候，马上就能知道这里存放着什么，其他人在使用完毕归还的时候，也可以知道要把东西放回到哪里去。因此，可以避免把东西乱放到别的地方去，而导致要用的时候找不到。

有时，也会遇到贴好了标签，但是乍一看到物品名称却反应不过来是什么的时候。如果有这样的情况，还可以用照片或者图画来代替文字标签。

比如，数据线一类的物品虽然也有个正式的名字，但是利用简单的图画马上就会让人明白这是什么东西了。如果是这样的话，那么就用图画来代替文字。

在幼儿园或者小学这种有很多儿童的地方，会有很多根据物品的种类贴着图画的收纳盒，比如积木或者折纸的盒子等。因为一眼就能让人看懂，所以即便是小孩子也能把东西收拾到同一个地方去。

即便不再是小孩子，如果用清楚易懂、简单易行的方法就能做到的话，那么用这样的方法也无妨。

总而言之，要清楚地知道在哪里放着哪些物品，能够快速地拿到要用的物品，并且知道使用完毕后要归还到哪里去。请在第一天就创造好这样的环境。

可能你会觉得这都是些小事情，但是仅仅是这样，每日花费在这些事情上面的时间，就可以缩短数十秒甚至数分钟。在有很多重复动作的事务性工作中，就是这些细微的时间上的差距，经过日积月累变成了巨大的差异。

那么，到此为止，第 1 天的课程就结束了。

或许从第 1 天开始就稍微有些难度，但是，如果能真正按这些要求做到了，一天就可以节约 30 分钟左右的时间。

画个图会一目了然

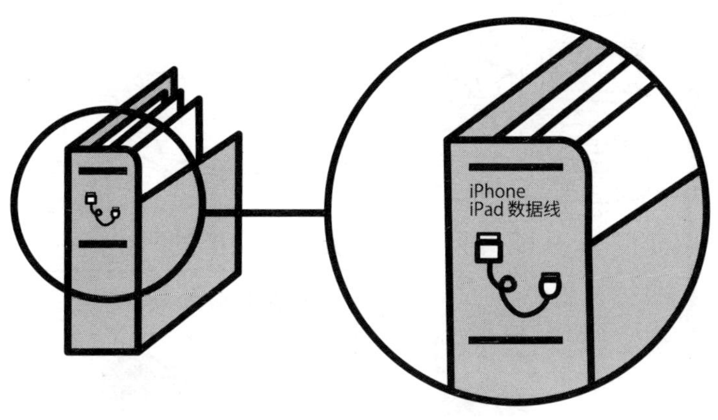

像孩子一样按照箱子上边的图画来收拾

29岁，
年收入
320万日元。
从前每天都要加班到十点半的F君。
收拾好办公桌，
提早了30分钟下班。
工作效率
也得到
大幅提升！！

Day 2

第二天

如何对文件进行分类

什么是最有效的分类方法

在第一天里，我们已经把工作环境都收拾好了，那就在收拾好的办公桌上开始工作吧。但是，工作中会使用到的相关文件我们还没有进行过整理。因此，在第 2 天里，就让我们来把文件的整理进行到底吧。

我的工作，都是使用电子数据 / 电脑来确认或沟通的，因此很少有需要使用纸质文件的事务性工作。但是在普通公司工作的白领们，在工作中需要使用纸质文件的情况还是比较多的。

如果文件本身表明了工作的内容，在给文件分类的时候，其分类方式会直接影响到自己工作的整理。

分类的方法多种多样。但是，我认为按照种类来分类或按照人员、公司、案件等方式来分类是没有什么意义的。

那么，该以怎样的标准来分类才会有成效呢？

正确答案是，**根据自己要做的事情的日程安排来分类。**

根据日程安排分类文件

让我们按照日程安排来思考一下自己要做的工作吧。

首先，一天之中一定有当天必须要做完的事情。

然后，一定会有具有期限的事情。比如，这周内需要把账单寄出去、在某日之前提交会议资料、月末核算费用，等等。

不过，也会有一些没有明确期限，但是不得不做，或需要提前做好的事情。比如，调查市场状况、访问出售自己负责的商品的店铺，等等。

另外，还会有很多 5 分钟左右就可以做好的、比较细碎的事情。比如，提前预约好下一次会议的会议室、给某人寄去合同、注册某网站的账号，等等。每一件都是很快就可以做好的事情，也没有什么相关的文件资料，都是一些可以直接记在脑子里的小事情。

每个人所处的行业和职位千差万别，但是工作这件事情本身，大体可以分成这四个类别。

因此，在分类文件的时候也必须遵从这些类别进行分类。

在这里，总结一下这四种分类，就是：

1. 今日要做的事情。
2. 5 分钟就可以做完的事情。
3. 有期限的事情。
4. 没有期限的事情。

请按照这四种分类方式，准备好文件筐。

并且在文件筐上贴好标签，按照顺序摆放在自己的面前。

最后，把已有的文件分放到这四个类别中的某一类里。

建立一个叫“今天要做的事情”的文件夹

放在“今天要做的事情”文件夹中的文件，顾名思义，这些都是需要在今日之内努力做完的事情。

一定要在今天做的事情都会出现在这里。比如，当天的商品订货单、要检查的申请书，等等。

一天结束之后，放在这里的文件或是已经被提交出去而消失，或是已经数据化（会在之后的课程里讲解），而纸张全部被处理掉。所以，放在这里的文件是会被全部处理的。这样一来，这个文件夹最终会变得空空如也。

反过来说就是，在这个文件夹里的文件被彻底清空之前不能回家。如果这个文件夹里放了很多文件，那么只要看一眼，就能知道要加快多少速度，才能及时完成当天要做的事情。

需要把文件放进文件夹的时候，只要放进去就可以了，不必在意具体的排列顺序。

在完成当天工作的过程中，如果新增了当天要做的事情，那么不需要有任何思考，直接把文件加进文件夹里即可。因为无论如何这些事情都必须在今天之内做完。因此，文件的排列顺序什么的也就没有在意的必要了。

此外，即便没有明确要求要在今天做，只要是紧急的工作或者是需要回复的，基本上全部放入这个“今天要做的事情”文件夹里。让我们彻底培养起这样的意识吧！

设立自己的 deadline

接下来要讲的，是要放入“有期限的事情”这个文件夹中的文件。会放在这里的文件，今天可以暂时不去管它。

但是，一定要把做这些事情的日期写进谷歌日历中。到了该做这些事情的时间，就要切实去处理它们。

在处理完毕之后，文件夹里的文件会被提交上去或被寄出，自己手边自然不会再有这些文件。而剩下的文件，随着工作的完成，纸张会被丢弃，如果其中有值得保留的信息则将其电子化。

不论是哪一种情况，期限一旦过去，相关的文件就会消失。因此，在这个文件夹中也不会存放着过多的文件。

与“今天要做的事情”不同。为了明确这些事情的具体日期，要给这个文件夹里的文件贴好标签。比如“某某日处理”“某某日必须检查”等。因为只要做了这一步，很快就可以找到自己需要的东西。

除此之外，没有必要按照“本周内”“月底之前”等期限进一步细分出来，也不用按照日期顺序进行排列，完全不用下这些功夫。

在这里放入文件的时候，预先安排好处理的日期，再提前设置到谷歌日历中，到了那一天再想起来就好了。因此，在安排好的时间到来之前，要彻底忘掉这件事情。这个“彻底忘记”是非常重要的重点，请记住这一点。

如果把每一件事情的期限都记在脑子里的话，琐碎的记忆会变成妨碍，就会无法整理好思绪。为了防止这样的事情发生，我们才会对文件进行分类，再把安排记录到谷歌日历中去。

而且，给文件排序或进一步增加细分会使操作变得复杂，会花费不必要的时间，是十分浪费的行为。

另外，在往谷歌日历中输入处理日期的时候有个重点。如果要在 5 号之前提交策划案，那么就要把时间设置成这个日期的前两天，也就是设置成“3 号做策划案”。

没错，这里设置的截止日期，并不是上司或者客户等实际要求的日期，而是自己设定的日期。

并且，自己在设定日期的时候，至少要比真正的截止日期提前两天以上。这样的话，就可以做到在自己决定的日期里完成策划案，再在次日进行修改，并且在当天提交之前的 30 分钟里再检查一遍。为此，有必要在 3 天前留出处理的时间，并在 2 天前与前一天，单独留出进行检查的时间。

相比勉强赶在时间内做完的策划案，通过这样的流程，就可以提交出一个既没有错误，完成度也很高的成果了。如果能把这样的习惯保持下去，来自上司或者客户的评价自然会提高。

如何处理那些“不着急的工作”

没有特定期限的工作、任何时候处理都可以的工作、不是很紧急的事情，全部放进这个“没有期限的事情”文件夹里。

有期限的任务，会立即处理，或放入“今天要处理的事情”文件夹中，抑或在谷歌日历中设置好处理的日期，再放入“有期限的事情”文件夹中。因此，可以在“没有期限的事情”这个文件夹中，收纳除此之外的其他所有的事情。

为了能够按照这个标准，快速地把每天都在处理的文件、案件，放入这四种文件夹的某一个，需要当时就完成分类并投放。不可以犹豫该如何分类，或暂且先把文件堆积在桌子上。

培养起这种“当场立即处理”的习惯后，就可以避免文件不断堆积的情况发生。让我们在第 2 天的课程中，一口气把积攒起来的文件进一步分配到四个文件夹中去吧。

一旦将文件分成了四个类别，之后每天只要机械地把文件投放到其中一个文件筐里就可以，不必保留整理每个文件筐的时间。最开始分类的时候，可能会为此花上一天的时间。但是，这之后的每一天都不必再被埋没在文件中，还可以在干净整齐的桌子上工作。

然而，如果只是把没有特定期限的文件放进文件筐的话，最终这里会变得满满的。

对于判定为不需要的东西，尽量采取当时就丢弃或者把需要的资料电子化的方法。即便如此，在一定的时间中，这个文件夹里还是会有一定的积攒。

因此，可以每三个月安排一次，保留出至少半天的完整时间，用来处理这个文件夹里的文件。在谷歌日历中设置好三个月后的安排吧。

在设置好的时间到来之前，尽管往这里存放文件，也不需要在意存放文件时的顺序。因此，一旦判定这个文件应该放到这里之后，也不用考虑其种类和用途，直接把文件放进去就可以。

如何对待那些琐碎的小事

最后，我们来说明要放入第 2 个分类“5 分钟就能完成的”文件筐中的事情吧。

出现在这里面的都是一些比较轻松的事情，绝大多数事情也没有什么相关的文件资料。

分配这个文件筐里的事情，如果其本身有相关的文件或者资料，当然是可以把它放在这个文件夹里的。比如，要寄出的合同，或者要寄回去的申请书，等等。但是，那些不会用到纸张的事情，就要把所有的事情列到清单上了。

这都是一些很琐碎的事情，虽然还没有一件一件地写出来。但是，如果把它们全部列出来的话应该会有几十件。

虽然这个分类叫作“5 分钟就能完成的事情”，但是它在这里的意思是“数分钟就能做好的小事”。因此，实际上从 1 ～ 2 分钟就能完成的事情，到 15 分钟左右就可以完成的事情，都包括在内。

把这些事情全部列举出来之后，**把列有这些事项的纸张放到这个文件筐的最前面。**

虽然一直以来都在号召大家尽量减少纸张的使用，但是在这里却要增加一张纸（笑），不过，这样做是有原因的。这是为了给这些事项找一个固定位置，只要看到这里就知道，存放的都是“可以利用碎片时间做的事情”。

有的时候，人们会经常在日程本的 to do 清单上，或者在桌子、电脑屏幕的边角处贴上便笺，以此来记录这些零碎的小事。频繁出现的事项被记录到不同的地方，没有集中在同一处。

这样一来，就得不时地看看日程本，看看便笺，或是查看一下手机或电脑，不得不参考各种地方的记录。这样不仅会浪费时间，也会出现遗漏。

另外，这些都不是什么大事情，所以会让人感觉自己已经把它们记在脑子里了，不用再记到纸上。但是，就像在前面的小节里提到的那样，不把这些事情写下来的话，它们就会变成头脑中碍事的垃圾而积攒起来。思绪也就无法得到整理，也就不会处于一种思路清晰的状态。

因为如果把它们都写下来的话，不论是多么微小的事情，只要全部忘掉就可以了。没有必要把一切事情都记在脑子里。如何才能忘记就是让头脑变得清晰的秘诀。并且，在空闲的时间里，看着“5 分钟就能完成的事情”清单，按照顺序处理完这些事情。只需要看一眼清单再花几分钟去完成。

与其说把这些事项列在纸上是因为在处理这些事情之前，没有必要一直把它们记在脑子里，不如说是，这是为了整理好大脑不能不做的一件事情。把这些琐碎的事项写下来，然后立刻忘记它吧。

从明天起，你的工作将会有质的飞跃

列在“5 分钟就能完成的事情”清单上的事情，是 30 分钟以内就能做完的，但不一定是要在今天做的事情。

今天要做的事情不需要出现在清单上，而是直接放在“今天要做的事情”的文件筐里。另外，对于**直接做比写到清单上更快的事情，要当时就一口气处理完。**

因为，某种程度上，留在这里的事情都是可以搁置数日甚至一个月左右的事情。

比如，寄给某某人合同、跟医院预约疫苗的接种、邀请某人用餐、去书店找某个方面的书，都是类似这样的事情。虽然都不怎么紧急但是想做完却很容易因为嫌麻烦而拖后再做。

重要程度高的事项需要马上处理。但是，出现在这个清单里的事情，在重要程度上也有所差异。因此，在列出清单的时候，为了能够一目了然，请把重要程度按照“高”“中”“低”标记在事项的旁边。

有期限的事情，需要把日期也标记在旁边。比如，“预约下一次会议要用的会议室”，对于这个事项，写好预约的日期。像“11

5 分钟可以做好的事情明细

	重要度	日期
· 给 ××× 发合同	高	
· ~~预约打疫苗~~		
· 约 ××× 吃饭	中	
· 查关于 ××× 的书	高	
· 预约会议室		3/16
· 本月中注册 ××× 会员	低	3/31
⋮		

月中旬注册，购物打七折”这类事情，也要指定一个日期。

在记录的时候，按照事情出现的顺序，连续地记录下来就可以，不必按照日期来整理排序。大致上，这些事项写到纸上的时候，也没办法再按照日期顺序来排序。

在事项的旁边写清楚其重要程度与日期，就能成为查看清单时，决定处理顺序的线索。基本上，处理的顺序是从清单的上面开始，按照顺序不断地处理。但是，在无法在当天把所有的事项都处理完的情况下，需要优先处理重要程度高的与日期紧迫的事项。

最后，在完成了的事项上面画一条横线，以此提示自己事情已经完成。

想提醒大家的是，有日期的事项，看起来要花费 30 分钟以上的事情，不能放到这个清单里，而是一定要放入“有日期的事情”这个文件夹筐中，并在谷歌日历中输入好处理时间。

30 分钟以下的事情，因为太过细碎而无法放入谷歌日历中。但是，如果放置不管，事情就会积攒起来。为了避免这样的情况出现，因此也需要把它们清单化。**不需要一一决定处理这些事情的时间，直接利用零碎时间处理就可以。**

利用每天的零碎时间，不断地处理掉这个清单上的事项。处理不了的事情就留到次日处理，请不断努力，提高处理的速度。

到此为止，第 2 天的课程也结束了。工作环境的整理就暂时告一段落。从明天开始，工作效率将会有一个质的飞跃。

今天要做的事
有期限的
事情
F君在明确了要做的事情之后，
每天缩短了30分钟的时间。

21点30分
就能下班了！

工作上不再
出现失误，
因此得到表彰。
太棒了！！
得到1万日元
的奖金！！

Day 3

第三天

断舍离：将纸质资料电子化

会工作的人，资料电子化的意识都强烈

我们在第 2 天的课程中，学习了文件的整理方法。这样，自己的工作环境应该已经得到了很大的改善。但是，我想实际上，觉得工作起来很顺畅的人应该还不太多。

这是因为，在我们身边还有很多文件、杂志、书籍等，无法全部放进 4 个文件筐中。

但是，现在这个时代，用电脑工作已经是理所当然的事情了。所以，即便不再使用纸张，只要把资料全部数据化就可以。可以说，**越是能赚钱的人越是会工作的人，对于资料电子化的意识就越强烈。**

当然，在我们的身边还是会留有一定的纸张。比如不得不提交的申请表、估价单等。然而，这些纸张在提交出去之后，就会从我们的身边消失。

问题在于，还有会议纪要、资料、客户寄来的宣传手册、上司和部下的或者是外面寄来的需要确认的文件，以及包含留待参考的杂志在内的资料、会议或者商谈时使用到的笔记等，这些看似应该留在手边的资料。**但实际上，这些都是不需要留下纸张的。**

当然，完全不必留下来的文件，已经全部都在第 2 天中丢弃掉了。即便如此，是否还有很多因为某些原因必须保留，却又无法全部放进文件筐中的资料?

在此，让我们把这些资料全部数据化，再痛快地舍弃掉吧。

把该扔掉的名片都扔掉

在整理文件之前，首先来整理对于白领而言必备的名片吧。

我想，在第 1 天里，可能会有不少人因为“不知道能把这样的东西收纳到哪里”而直接搁置不管。

如果是可以收进文件夹的东西倒还好。但是对于销售等职位的人来说，把大量的名片收纳在盒子里，会占据大部分的空间。把文具放入第一层抽屉之后，可能就没有收纳其他物品的空间了。

不过，不要紧。

名片也是纸张，因此把名片全部数据化，然后再扔掉就可以了。

唉，竟然要把名片全都扔掉？

你是否对此也感到惊讶呢（笑）？不是要在名片整理过之后再丢弃，而是直接把名片全部扔掉，这样行吗？

或许有的人会有这样的疑惑。但是，请仔细地思考一下，名片的作用，就是为我们提供与他人联络的方式等信息。**因此一旦掌握了这些信息，纸张本身就可以消失了。**

现在，已经有很多可以直接读取名片信息，并将其数据化的扫描仪或是手机应用（APP）。只要使用其读取功能，名片上的信息就会自动文本化，也可以进行检索。

使用这些工具后，就不必再一一去寻找纸质名片。只要进行搜索，就可以找出对方的联络方式。如果想发送电子邮件给对方，也可以马上做到。如果把数据存放在可以随时随地进行访问的云盘上，那么，在外出时也能够迅速确认自己需要的信息。相比起保留名片本身，这样反而更有帮助，也不会再出现不知道对方联络方式这种情况了。

一旦把所有的名片全部数据化，之后只要在收到名片时，利用扫描仪，或者用手机应用进行导入就可以。如果担心要导入大量名片会很辛苦，那么也有批量导入的服务可以使用。

有的人也会认为要确认或修改数据十分麻烦。反正，对于自己来说，绝大部分的名片的主人，都只是偶尔联络一下。只要在谷歌的通讯录中，为需要经常来往的人登记准确的信息就可以了。

如何让手机成为你的工作利器

在丢掉了所有的名片之后，终于要来给文件进行数据化了。

在第 2 天的课程中，提到过被分到“没有期限的事情”这一文件筐中的文件，要每三个月左右进行一次定期整理。一旦整理过，只要三个月后再次整理就可以了。但是，一开始要放进这里的文件多半也还没有整理过。因此，让我们把这些文件一起进行整理并数据化吧。

首先，宣传手册要全部丢弃。现今，在网站主页上基本都刊载着同样的信息，只要在需要的时候获取 PDF 等资料就可以。

除此之外的其他文件，之后需要参考的东西，今后是否可以作为素材来使用呢？请快速看过后做出决定，不属于这类的东西请全部丢掉。

最后，为剩下的这些文件进行数据化并保存。

说起把纸质资料电子化，一般都是将其扫描并制成 PDF。但是，也有不少人因为扫描麻烦，而最终还是原样保留着纸质资料。也会因为附近没有马上就能使用的扫描仪，而暂且先原样保留。

如果是这样的情况，不去扫描就可以了。

现在，每个人都会带着手机跑来跑去。用手机把必要的部分拍下来就好。

这样，不论在哪里都可以数据化资料，也不需要花时间去扫描。

稍后要参考的文件和资料，通常也不是全部需要数据化。

只拍下需要的部分，并且在上传到云端的时候，把是何种资料、日期和使用目的等信息全部放进文件名中。至于其他的部分则没有必要一一拍下来。

以前，社会人会每天早上翻阅报纸，遇到自己关心的事情或是有用的信息，就会把这些部分的报道裁下来，再贴到本子上做成剪报。

现在，则是使用数码工具来进行这项工作。就像过去只把自己需要的报道剪裁下来一样，把自己认为需要的地方，用图像数据保存下来就可以。

利用数码工具，就连动手剪裁并粘贴的工夫都不需要，瞬间就可以完成。相比过去而言，能够节约不少时间。

如何使用表格

用手机可以在当时就拍下自己需要的资料，且几乎不费时间，这是这种方法的一大优点。但是，无法直接用手机对图像内的信息进行搜索，也是它的一个缺点。

减少使用纸张，让工作环境变得更加整洁，是对资料进行数据化的目的。而能够立即搜索到自己需要的信息，是对资料数据化的另一个非常重要的目的。

因此，为了便于检索，对于真正有用的信息请数据化后保存。

对于要经常参考的重要信息，我会在谷歌云端硬盘中新建一个表格文件，然后再把它们输入到表格里。所谓谷歌表格，是由谷歌提供的，类似 Excel 软件、具备同样功能，并且可以在网页上直接使用表格的软件。

白领们应该会在工作中经常使用到 Excel 软件。就像使用 Excel 一样，在谷歌云端硬盘里新建一个表格文件，把自己需要的信息按照类别区分，创建表格文件。

之后，只需要每次把信息输入到这里。比如，有张写着软件序列号的纸张，只要记录好序列号，纸张就可以丢弃了。

我会按照银行账号等相关信息，将网站的会员信息、序列号分类，并保存到表格文件中。

不同职位的人，可以根据自己的工作内容来记录。如果需要管理预算，则时常把每个月的预算和业绩记录进去；如果是销售职位，记录客户发来的重要的联络事项；如果是公司内部的事务性工作，则是按照不同部门的负责人记录。将重要的信息，归类记录到三张工作表左右就可以了。

将特别重要的信息都保存在这里，那么，只需要在相应的文件中进行搜索，就可以在任何时候找到信息。不论是在开会时，还是在外出的时候，都可以及时做参考。比起在必要的时刻翻找资料，这样的方式更加好用。

如何成为一个能干的人

总结一下所有纸张的整理方法：

1. 立即扔掉。
2. 扫描或是用手机相机进行数据化。
3. 记录到谷歌表格中。

一共 3 种方法。
通过其中任意一种方法，纸张本身一定会消失的。
这样的话，文件就可以从容地收纳到抽屉中了。

那些放入“没有期限的事情”中的文件，也可以通过这其中的某种方法，每三个月进行一次纸张的整理。这个时候，可以提前留出半天左右的时间，把必要的内容归总到谷歌表格中。

如果可能的话，不要在文件积攒到一定程度后再去整理。尽可能地在拿到文件的当时，就通过这三种方式中的任意一种来处理，这是整理文件的要诀。

我想，在逐渐坚持这样做的过程中，应该就能感觉到，相比之后再一起整理，还是当时就整理的方式更加节省时间。在此之前，也可以暂且把文件放入“没有期限的事情”中。

一旦习惯了这样的方式，这个文件夹内是不会积攒太多纸张的。

这样的话，可以节约下来整理的时间，信息也可以及时地输出，变成可以立即使用的状态。

随着处理信息的速度不断提高，信息变得随时可以使用，工作会更加顺利。

通过整理文件这一行为，就能每天训练自己慢慢成为能干的人。因此，没有不做的道理。整理文件会帮助我们改善被大量纸张占据的杂乱的工作环境。而且，对于白领而言，提高处理信息的能力，也是需要每天整理文件的另一个非常重要的原因。

那么，到此为止，第 3 天的课程就结束了。

到今天的课程为止，我们已经完全整理好了工作的环境。

从明天开始，就可以在没有多余物品、视野良好的办公桌上，顺利地开始工作了。

B组
A组
F君通过整理灵感的来源——素材，
能够不断提出新的方案。
成为小组带头人！
月薪也提高了
一万日元
!!
太棒了！

Day 4

第四天

成年人也需要一张时间“课程表”

用电子日历来整理时间

到第 3 天为止，工作环境已经收拾好了。但是，整理的过程中，还有一件最重要的事情没有做。

那就是，时间的整理。

在第 2 天里，整理文件的时候，我们配合着日程把文件分成了 4 个类别。

在给事物分类的时候，有多种多样的分类方式。在给工作进行分类的时候，日程就是最重要的参考。因此，最好的办法是按照日程给工作的文件进行分类。

但是，只是按照日程来给看得到的文件分类，却没有用它给自己的思绪分类的话，也是无法顺利工作的。

对此能起到帮助的有效方法，就是利用日程表来进行管理。虽然许多人都喜欢用日程本进行管理，但是，我推荐使用谷歌日历。

其优点是，不论是用电脑，还是用手机都可以迅速地进行确认。需要定期执行的安排也可以自动地重复出现，不需要再去一一设置，改动计划也十分容易。

让我们把工作上的所有安排，全部记录到这个日历中吧。

最后，在把安排记录到这里之后，把一切都忘掉。让自己的脑中什么都不留，就是使用谷歌日历最重要的目的。

成年人也需要一张“课程表”

使用谷歌日历的目的，实际上还有一点。

那就是，为要做的事情分配好一个时间。

一说起“日程表”，会不会就想往里填入计划安排？如果只是为了这个目的而使用谷歌日历的话，那么不论到什么时候也不可能成为会工作的人。

要往谷歌日历中输入的，都是至少需要花费 30 分钟时间去做的事情。

也就是说，与其说是往谷歌日历中输入计划安排，不如说把它看作一张为工作分配时间的时间表。

以前上学的时候，大家都是根据课程表来上课的吧！什么时候上语文课、什么时候上数学课，按照规定好的课程表，交替着进行不同科目的学习，才顺利地学习了大量的知识。如果没有课程表，这一切最终是无法做到的。

而社会人并没有一张已经安排好的时间表，那么就需要自己用谷歌日历制作一张时间表。然后，再按照这张时间表来进行工作。

按照安排好的时间表来工作，比如“××点制作企划案”“××点核算费用”等，什么都不用考虑，只要按照顺序完成工作，转眼间一天的工作就结束了。

什么叫真正的时间管理

这里的重点是，在规定好的时间里，**把精力集中在此时该做的工作上。**

即便此时还有其他要做的事情插进来，在分配给它的时间到来之前，不要去做这件事，也不能因此而分心。大家不会在上语文课的时间里，同时进行理科的学习吧？该上语文课的时候，如果不把精力集中在语文课上，那么语文的学习就进行不下去。同样地，工作中，在规定好的时间内只做规定好的事情。集中全部的精力，在规定的时间内做完。

磨磨蹭蹭地让时间配合要做的事情，那么不论花费多少时间，事情也做不完。请舍弃掉“如果做不完的话，就加班好啦”“做不完的话带回家去做就好了”这样的想法。

下一个工作的时间到来后，即便上一个工作没有做完，也要暂停没做完的工作，开始着手下一个该开始的工作。因为如果不这样做，自己的心中就会产生“要不就这样吧”这种暧昧的想法，从而无法把规则贯彻到底。当然，为了避免这样的事情发生，要有意识地在规定的时间内努力完成工作，并且养成这样的习惯。

一旦成为习惯，就会产生“一定要在规定的时间内完成工作”

的意识，有了这样的意识，注意力自然也会有所提高。因为精力没有分散到别的事情上面，工作的速度也会不断加快。

即便如此，如果还是难以按时完成工作。出现这样的情况，可以说是因为**没有把握好自己工作所需要花费的时间**。

估算工作所需的时间，是社会人必须掌握的技能。因此，应该先做到这一点。

基本上大部分的工作都有其交付日期。在承揽工作的时候，如果无法立刻说出做完这些要花费多少时间和功夫，哪一天可以交货的话，就无法接下这一工作。这对个人而言也是一样。**无法准确估算出工作所需的时间，是因为没有把握好自己的工作情况。**

可以说准确地掌握自己工作的情况，能够估算出工作所需要的时间，就是做到了时间的整理。

让你拥有时间 ×2 的秘诀

刚刚说了些有点严厉的话。我想，现实中一开始就能精确把握工作所需的时间，完全按照工作表推进工作的人并不太多。

在最开始的时候，**安排出比自己的预计多一倍的时间会比较好**。如果感觉自己一个小时就能完成，那么就留出两小时。如果觉得 30 分钟就可以，那么就留出一小时。

这样的话在实际工作中，如果时间还有富余，那么下一次就按照实际花费的时间来安排。

“预留了两小时，那只要在 2 小时内做完就可以了。”**绝对不可以有这样的想法，然后继续像平常那样磨磨蹭蹭地做完。**

要时常有意识地尽可能缩短预计完成的时间。最开始的时候，把“一定要在两个小时内完成”当作目标。实现了目标之后，哪怕是缩短 5 分钟、10 分钟也好，也要慢慢地、不断地缩短完成时间。

因此节省出来的时间，用来收拾“5 分钟就能做完的”清单上的内容。如果提早 30 分钟完成了工作，这个时间就可以去做别的事情。

渐渐地，这些时间不断地积累下来，可以做的事情就会不断增加。

如果一件事情能提早 5 分钟结束，那么 10 件事情就能节约出 50 分钟。哪怕只是几分钟的时间，为了能够比过去再提早一点，用享受游戏的心态不断地去努力缩短时间吧。

坚持下去，你会发现，终有一天，原来需要两小时才能完成的工作，现在用不到一小时就能完成。

要把那些多余的事情彻底消灭

那么，具体要如何用谷歌日历来制作时间表呢？**每天在给文件分类的时候，同时记录到谷歌日历中**就可以了。

首先是放进“今天要做的事情”文件筐中的文件，当然要作为今天的安排全部输入进去。

然后，被分到“有期限的事情”文件筐中的文件，一定要先安排好做这件事情的时间，再把它输入到谷歌日历中。

比如，本周末之前需要提交策划案的相关资料。把做策划案安排在实际截止日期的前2天，并留出两个小时的工作时间。然后往谷歌日历中输入“制作策划案”。为策划案在提交当天留出30分钟的检查时间，并输入“检查并提交策划案”。最后，再把在谷歌日历中设置好的日期抄写到便笺上，贴在相关的文件上后，放入“有期限的事情”的文件筐中。

需要注意的是，不能不在谷歌日历上输入安排就直接把文件放到相应的文件筐里。

一定要确保给所有需要做的事情安排好了时间，并且提前输入到谷歌日历中。

在今天课程的最开始，讲过使用谷歌日历的目的。但更重要的是，因为已经把所有事情输入到谷歌日历中了，所以，不用再往脑袋里记忆任何事情。

人是非常健忘的。即便是当天绝对要做的事情，经过数分钟后，十件事情会忘掉个两三件也不稀奇。

更何况是这种“想在本周做的事情”，有多少也会忘得一干二净。我想可能大家都有过这种临近截止日期被人催促着，才猛然记起并开始着手做的经历。

因此，不论是什么事情，都要先安排好做的时间，再输入到谷歌日历中。

只要该做的事情出现在谷歌日历中，就没有必要再去记住这些事情了。与其让脑袋中有记住这些事情的空间，不如把这些空间分配给要做的事情本身，这样更能集中精神。

实际上，在工作中出现失误或者不能集中精力，多半是因为试图记住很多多余的事情而让脑袋里乱糟糟的。

“截止日期是几号”“今天必须做这件事情”，您不觉得把本来记录下来就行了的事情，一一记在脑子里是一种浪费吗？彻底消灭多余的事情，会让工作的效率不断提高。

因此，不要觉得“不用特地写下来，只要看一眼文件就能知道了……”“还要一件一件地输入很麻烦”。总之，先把所有要做的事情输入到谷歌日历中。

乍看之下，这似乎是一个费工夫的方法。但是，通过这个方法，脑袋不会再被多余的东西所干扰。工作的速度就会提高不少，失误也会有所减少。

遇到突发状况怎么办

从现在开始，在新一天开始的时候，打开谷歌日历制作当天的时间表吧。

除了“有期限的事情”之外，请把“今天要做的事情”中至少需要花费 30 分钟的工作，填进谷歌日历中。

但是，在实际情况中，当天要做的事情会因为电话或邮件、上司或部下的委托等而不断增多，而且还会被意外情况占用时间。

所以，就不一定要把工作安排得满满的，而是要**在两件事情之间留出 30 分钟，应对突发状况的发生。**

如果即便如此计划还是会延迟的话，那么就把计划错开，重新安排就可以了。

但是，当天必须要做的事情，不论延后了多久不做完就不能回家。因此，无论如何错开计划都没有关系，但是，这一计划一定要在当日完成。不要有“如果不行那推迟就好了”这种松懈的态度。请把热情倾注在**如何才能高效地安排时间上。**

只把“至少需要 30 分钟”的事情填入谷歌日历中，是因为谷歌日历是由 30 分钟的刻度组成的，因此只能设置至少需要 30 分钟的事情。

但是在现实中，也有很多不需要 30 分钟就能完成的事情。这类事情写在“5 分钟就能完成的事情”清单中。

记录在这里的事情，基本上不会记录到谷歌日历中，而是直接利用零碎时间来完成。

零碎时间的具体利用方法，会在第 11 天的课程中为大家讲解。但是，不能因为有了空闲时间，就因此休息发呆或彻底停下工作。

因为，即便是用不了 30 分钟就能完成的事情，只要是今天必须做的，就有必要在零碎时间里或空闲时间里把它完成。

比如，回复咨询的邮件，或是检查被委托要确认的事项。或是丢弃文件、数据化等，这类 5 分钟左右就能完成的事情，要当场就处理完。

只有不是必须要在今天做的事情，才要放入“5 分钟就能做完的事情”清单中。而且，这之中的事情也要利用零碎时间，一次处理 3 件左右。清单上的事情必须每天都有减少。

常规工作也有快捷方法

不需要30分钟就可以解决的事情，立即处理是做好这类事情的基本。但是，即便是5分钟就可完成的事情，如果有10件甚至20件，把它们全部做完也还是需要时间的。

适应了之后，就可以做到一边完成当天的计划，一边完成这些事情。但是在最开始的阶段，要按时完成计划本身就已经不容易了。因此，可能无法期待时间还会有剩余。

面对这样的情况，**要安排一个完整的时间用来处理10件数分钟就能做完的事情，并把这项安排输入到谷歌日历中。**

需要集中精力去处理的工作，要尽可能地安排在不会被打扰的时间段里。5分钟就能完成的事情，要利用零碎时间来完成。因此，利用准备的空闲时间，比如，商洽前后的30分钟时间里，快速地把这些事情处理掉吧。

另外，今日要做的琐碎事情，基本都会立即处理。因此不会写到清单中去。但是，对于这些不写下来怕忘记且无论如何都无法立即处理的事情，也有不设置具体时间，就能直接显示在谷歌日历上的方法。

在日历的表格中输入计划之后，点击“编辑活动”，再勾选“全天”复选框，就可以输入没有具体时间的计划了。通过这种方法输入的所有安排，会在当天的表格上方，全部显示出来。

这些显示在表格最上方的安排，可以在有几分钟空余的时候，按照顺序做完。另外，每天早上利用30分钟的时间，来处理6个“5分钟就可以做完的事情”也是不错的方法。

比如说，经常要做的例行工作，在谷歌日历中设置好重复的日期就可以了。但是，也有不少事情是用不了30分钟就能做完，并且每周都要做的。

如每个月的月末需要进行核算，20号的时候要把账单寄出去等，这种例行的、用5～10分钟就能完成的**常规工作，通过设置“全天”和“重复”的方法**，让它们显示在谷歌日历中，就不再需要把这类事情一一写在清单上了。

电子日历教你三件事

到此为止，已经讲完了通过谷歌日历来管理工作安排的方法。其重点是以下三点：

1. 把要做的事情全部记到谷歌日历中，自己则忘记它们。
2. 把握好工作的时间，制作每天的时间表。
3. 按照时间表来工作，尽可能不断地缩短完成时间。

这 3 个重点，把要做的事情和每天的时间联系在了一起，时间也就得到了整理。

因为，所谓时间得到了整理，就是掌握了自己的工作情况。因此，你一定会成为会工作的人。不仅工作可以进行得更快，还可以在规定的时间内集中精力工作，工作质量也会更上一层楼，失误也会有所减少。

顺便一提的是，像这样把所有要做的事情，都交给了谷歌日历之后，在每天早上打开谷歌日历之前，自己也不知道今天都要做些什么事情（笑）。最开始的时候会有些担心，但是逐渐就会适应。

此外，有的人可能还会同时使用 to do 清单，或是任务管理类的应用。使用其中的一个，就能了解全部的信息，就是整理时最重要的事情。

因此，把一切事情都集中在谷歌日历中，不再使用多余的工具或者笔记，效率会更高。

让你的时间比别人多好几倍的方法

那么，第 4 天的课程也就结束了。

在这四天里，整理好了办公桌。我想，现在应该已经有了要进行工作时可以立即行动的环境了。

并且，每天只要查看谷歌日历，马上就可以开始工作，不论是时间还是头脑都被整理得井井有条。

但是，目前这四天的课程，还只是为了建立起工作环境与时间可视化的准备阶段。

你最终必须成为一个头脑清晰，能高效地处理事情并能产生附加价值的人才。

就是在这个阶段，你的价值会有质的飞跃。因此，刚开始的几天，可能看不出会有太大的变化。

但是，如果不能彻底掌握目前所学的东西，甚至连这个阶段都无法到达。

最初的时候即便感受不到效果，也要每天都坚持整理好自己的事情。四天来讲述的每一件事情，如果都能切实地做好的话，仅仅做到这种程度也能把每天的工作时间缩短两个小时。

仅仅如此，在你的人生中能做的事情就会比别人多出好几倍。

不管怎么说，可以断言的是，只要每天都这样努力着，你的价值就肯定会提高。

你就会从每天都要寻找东西，埋头于大量文件，忙于工作的生活中前进一大步。

当然，来自上司或者客户等周围的评价也会有所改善，可能迟早就会被提拔并委以重任。从此，可以减少不必要的加班，在可自由支配的时间里读读书，或者学点东西。工作场所也会逐渐变成一个可以做自己想做的事情的地方。

我在补习学校当老师的时候，谷歌还没有这些服务。我让同学们使用我自己制作的日程本来进行时间整理。即便如此，三个月后，同学们的成绩也有了很大的提高。

现在，我们有了更多、更便利的可以缩短时间的工具。所以才能在短短的两周时间里就看到效果。请大家一定要把可以随时随地确认、修改调整也十分简单的谷歌日历，当作自己的朋友来看待。

F君利用谷歌日历
制作了时间表，
由此注意到了
很多没有
被利用的时间。

缩短了
30分钟的时间。

考取资格证书，
争取拿到证书奖金！

现在F君每天9点就可以回家了。

Day 5

第五天

如何应付那些令人头疼的数据

如何整理电子数据

在从第 5 天课程开始的四天课程里，我们将会学习到电子数据的整理方法。

为了整理数据有这么多事情要做吗？学过办公的周边环境和时间的整理，不是就已经足够了吗？可能会有读者有这样的疑惑，但是请仔细想一想。

在当今时代中，绝大部分的工作都已经离不开电脑了。事情会通过电子邮件的方式发来，文件会被输入到电脑中成为电子数据。

只是把看得到的桌面文具和文件整理好了还不够，因为在实际工作中，有一多半的工作都需要在电脑上进行处理。因此，数据的整理，就是提升工作速度必不可少的一项内容。

可是，数据的好处仅仅在于可以搜索吗？即便不去特意整理，不是只要搜索一下就可以了吗？如果把事情考虑得这样简单就错了。

即便是可以搜索的电子数据，如果不经过整理，也搜索不出自己想要的结果。

最重要的是，如果把数据整理得不需要检索也能一眼就看出来是什么，也就不需要再去一一搜索了。

数据之所以需要整理，是因为电脑数据就等同于办公桌一样。

虽然办公桌上乱糟糟的，可是东西找一下就会有，所以也不需要再去特意整理了。事实上，事情并不是这样的。

只留下必要的物品，把东西收拾得看一眼就知道在哪里。这样的话，也就不需要再花工夫去寻找了，也可以早一些完成工作。数据的整理也是一样的道理。

对于现在的白领而言，电脑可以说是工作的工具。如果现实中要收拾办公桌，那么电子办公桌也要进行整理。

如何随时随地调取需要的数据

有很多人或者公司还在把数据保存在电脑里。但为了缩短时间，这是最不能做的事情。**所有的数据都应当保存到云端上。**这是为了创造一个不论从哪个终端连接，不论身处哪种场所，都可以即刻进入工作状态。

比如，你现在正在海外休假。突然发生了某些麻烦，因而上司联络到你。然而处理突发状况所需要的数据，都保存在你的电脑里。而且，这些数据保存在哪儿，还需要再寻找，无法立刻回复上司。因为数据还没有做好整理，自己也不记得数据到底保存在了哪里。

然而，如果所有的数据都整理得井然有序，并且保存在云端上的话，那么即便身在国外、即便身边没有电脑，只要使用手边有的终端和网络，就可以访问保存好的数据，也就**可以及时地应对麻烦。**

自然，上司也会因此对你留下好印象，职位和年薪也会有所提高。

这就是数据和头脑都已整理得当的状态。

为此，需要把所有数据都进行整理，并且存储于云端。

Word 和 Excel、文本文件……把所有的文件都转存到谷歌文档或谷歌表格里面，转存好后再删掉这些保存在电脑中的文件。这样，文件的概念就消失了，文件变成了数据。在第6天的课程中，会彻底把数据全部保存到云端里。今天的课程，就是为此做的准备工作。让我们把电脑中的文件全部整理好吧。

如何归纳电脑中的数据

那么，在开始着手整理数据之前，首先让我们来看看在自己的电脑中，哪种数据比较多吧。

每个人的工作内容不同，数据的种类和用途也千差万别。因此，分类的方法也各式各样。

首先，根据你经常使用的文件和工作内容，**先分出一个大的类别来**。首先决定好大的分类之后，再决定下面的小分类，最后再把文件分配到文件夹里。

比如，如果是销售职位，那么大的分类就是"文件""客户""项目"。在"文件"分类中，还有"报价单""订货单""收据"。而"客户"分类下面是每个客户的文件夹。项目分类下面，是每个项目和商品名的文件夹。

如果一开始不想好分类的话，不论过多久都无法整理好头脑。最开始可能会比较困难，但是可以在工作中进行改善。先来试着做个大致的分类吧。

我想可能有很多人此前也试着整理过文件。然而最后却发现文件变得越来越乱，文件夹和文件也变得越来越多。这是因为没有做好最初的分类。**尽量简洁、尽量减少文件数量的同时，不断**

摸索着找到最适合自己的分类方式。

接下来，让我们确定好给文件和文件夹命名的规则。

规则是检索方便，也就是以便于寻找为标准。

比如，需要确认某次会议上课长说过的话。这种时候，如果有一个叫作“会议记录”的文件夹，马上就可以在那里进行搜索。

这样，就可以用最少的动作进行下一个行动，可以大幅缩短时间，也会减轻压力。

文件夹与文件的整理示例

大分类（文件夹）

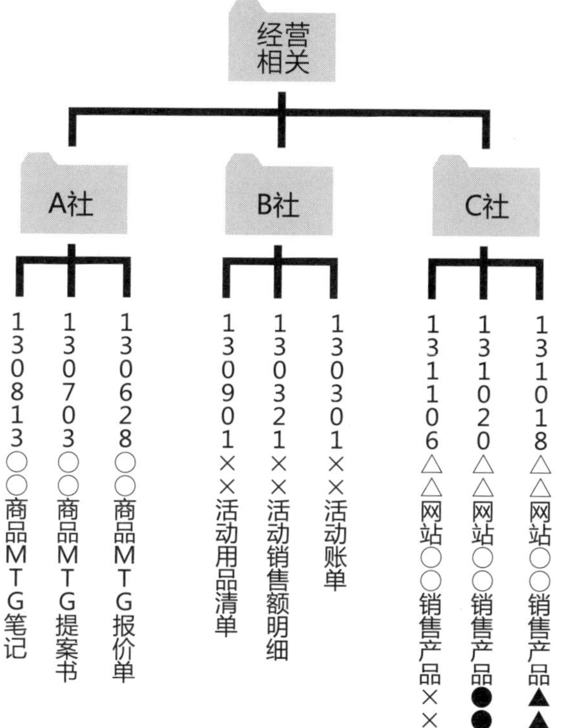

按照日期、内容、地点、商品、人名……
这样的顺序，把便于检索的关键词，
全部放进文件名中。

如何查找需要的数据

和文件夹一样，为了方便查找，在设置文件名的时候应该如何命名呢?

在给文件夹命名的时候，名称要起得让人能够一眼就看出文件夹的内容是什么。而在给文件命名的时候，把具体的搜索关键词放到文件名里，才是最方便的做法。

那么，怎样的关键词才是便于搜索的呢？答案十分出人意料，便于搜索的关键词会根据当时的情况而有所变化。

一般来说，经常在文件名中加上日期是比较普遍的方法。但是，如果无法想起日期就会变得无法搜索。案件名、会议记录和报价单等目的关键词当然也是必须写上的。但是，如果仅仅以此来命名，就会出现有很多类似名称的文件，从而无法区分的情况。

而客户名和活动的场所等，公司名、人名、场所等关键词，有时候反而会成为搜索的线索。

到底使用哪一个关键词才会便于搜索呢？其实大可不必为此

而烦恼。

在文件名中，为了能够从不同的线索中搜索到目标文件，只要把可以成为线索的关键词全部放进文件名中就可以了。

比如，用先前提到的情况来做例子，如果希望回想起某次会议上课长说过的某句话。会议的日期、场所、课长的名字等，把任何可以回忆起来的关键词，都加进会议记录的文件名称里，这样，不论是利用课长的名字来搜索，还是利用开会的场所来搜索，都可以找到会议记录。

像我自己，在保存和编辑讨论过的关于这本书的所有笔记内容的时候，我会从谷歌云端硬盘中的会议记录文件夹里打开谷歌文档，然后使用谷歌文档来保存这些笔记。文件名称为“20131207角川出版书籍内容MTG有明”，像这样把日期、目的、公司名和场所的关键词放入文件名中。此外，还会在文档的最上方，写好日期、场所、参加人员和会议的议题。

这样做了之后，只要知道会议的日期，就可以通过日期检索出来。即便想不起来日期，只要知道是和出版相关的商洽时的文件，就可以通过“出版”这个关键词来搜索。就算什么都想不起来，只要看到谷歌日历，至少也会知道日期和参加人员。因此，让我们把文件名设置成便于搜索的状态吧。

即便不是同一个项目也没有关系，除了日期之外，多输入几个自己能想起来的关键词，并记住其中的一个。决定好一套适合自己的规则，按照顺序把对搜索有帮助的关键词放进文件名里。

但是，考虑到文件的显示顺序，还是把日期放在文件名最开始的地方比较好。

如何减少搜索中遇到的障碍

有的人可能会遇到有很多类似名称的文件很难区分辨认的情况。这通常是因为把每一次更新过的文件都依次保存了下来的缘故。

在进行中的项目里，在文件更新的时候，经常会收到使用“××月××日版”来命名的文件，或者是“××2”“××3”等，这样以版本数字来区别旧文件的情况。

如果是自己工作上需要的文件，那么保存起来也就算了。但是，如果每逢文件更新时，都把它们一一保存起来，直白地说这是没有必要的，这只会妨碍以后搜索文件。

项目进行中不断更新的文件，只要每次打开确认过就可以了。不必每一次都去保存。可以说几乎没有使用完毕之后还需要再保存的文件。

因此，我不会去保存邮件中附件里的文件。遇到需要修正和详细讨论的情况，如果是 Word 文档就转存到谷歌文档中，如果是 Excel 文档就转存到谷歌表格里，然后再分享给对方。这样，也就不需要在邮件中添加附件，也不需要去保存更新的文件了。

除此之外，最好不要再直接使用附件中原本的文件名来保存文件。

如果需要保存文件，或者把文件转存到谷歌文档和谷歌表格文件中时，需要重新按照自己的规则，把文件名改成日期 + 案件名等方便搜索的文件名称，然后再把文件存放到已经认真分过类的文件夹中。

只需要这一个步骤，就能确保之后再看到这些文件时，很快就能明白究竟是什么文件，也能够确保不论何时都可以搜索到。

来不及整理怎么办

在第 3 天的课程中，讲到纸质文件的数据化时，介绍过对于需要保存下来的资料，通过扫描或者手机拍照的方式保存的方法。

在最开始整理文件的时候，以及来不及整理的时候，是否积攒了很多数据化的文件呢？

在今天的课程里，推荐的方法是在保存文件的时候，首先给文件夹进行分类，然后再把文件保存到其中的某个分过类的文件夹里。但是，在繁忙的时候，在需要保存大量的文件的时候，也会没有多余的精力去分类。

这种时候，自然不可以把文件直接存放到电脑桌面上。但是，也不能因此就把文件随便放入某个文件夹中，这样只会给之后的搜索带来麻烦。

对于这样的文件，要事先创建好一个“待整理”文件夹（文件夹名称也可以是别的什么名字），把这些文件暂时先存放到这里。

当然，文件存放在这里只是暂时的处理，存放在这里的文件之后还需要再整理，必须把它们放入已经分好类的文件夹中。

因此，**每周整理一次“待整理”文件夹中的文件**。并且把这件事情输入到谷歌日历中。根据“待整理”文件夹中的文件数量不同，整理所需要的时间也不相同。每个人根据自己的情况安排时间，但是大体上有一个小时应该就足够了。

接下来，在把文件保存到“待整理”文件夹的时候，不要忘记，即便再没有时间，也要把文件名按照规则命名好。

那么，到此为止，第 5 天的课程就结束了。

使用电脑作业的时候，是否也能感受到视觉上的效果好很多呢？

F君整理好了电脑数据，节省了30分钟时间！

Day 6

第六天

如何运用云端

如何存储宝贵的信息

在第 5 天的数据整理课程中，我们已经学过了整理已有文件和新增数据的方法。

一提起数据整理，大家都会很容易把注意力集中在如何给文件进行分类上，就像前面的课程中讲过的那样。但是实际上，数据整理还有一个非常重要的作用。

那就是，把所有还不是电脑数据的东西，全部数据化，让它们随时都可以使用。

这句话究竟是什么意思呢？比如，在第 3 天的课程中，我们已经学习了把纸质文件全部转换成电脑数据的方法。

在需要的时候寻找名片上的信息，要先找到文件才能确认要找的信息，如果需要的资料都保存在纸张上，就会出现这些情况。这样，就需要花功夫去寻找，外出的时候也无法看到所需的信息。

这样一来，宝贵的信息也就变得无法在需要的时候使用了。

于是，为了能在任何时候都可以参考到这些信息，就要把一切都保存成电脑数据，可以随身携带这些资料。

把资料保存为电脑数据的方法，已经在第 3 天的课程中说明过了。这样的方法不仅可以让纸张消失，还可以让身边的环境变得整洁。除此之外，它还有着“让资料随时随地都能使用”的重要作用。

重申一次，把所有的信息转存为电脑数据，并保存到云端是极其重要的。

什么是最强的存储方式

在此之前，对于重要的事情，最好的保存办法是把它记录到纸上并保存起来。

比如，证书、合同、明细单以及会员证，等等。即便到了现在，最为普遍的方法依然是把重要的证明内容保存到纸张上，再小心翼翼地保存起来。

但是，过去时代的一切变化，都不及近 10 年之剧烈。

现今，重要事项的保存环境已经不再是纸张了，**把真正重要的事情转换成电脑数据并保存下来，才是最令人放心的保存环境。**

并且，数据并不是保存在自己的电脑上，而是保存在被称为“云端”的，只要有网络就能随时访问数据的庞大的服务器上。这才是最好的存储环境。

如果电脑有所损坏，数据就会变得无法读取，所以很令人担心。因此，还是使用纸张来保存才是最好的办法。如果在很久以前，这样的想法或许是非常在理的。但是，在云端存储服务普及化的今天，这样的想法已经变成了老旧的想法。

现在，我们所使用的云存储服务，是由谷歌和 Dropbox 等服务商提供的全世界有数亿用户在使用的庞大的服务系统，已经有众多商业活动通过这种服务而完成。

的确，既然是通过电脑进行的服务，出现某些状况，或者数据消失的概率就不可能为零。但是，如果因为这万分之一的可能性而惧怕这种存储方式，那么纸张也会有遭遇火灾或丢失的可能性。

相比之下，利用世界中拥有最高级别防备的云服务存储数据更令人放心。

现在也有很多大的云存储服务商可以选择，如果无论如何都放心不下，可以不仅把数据保存在谷歌云端硬盘上，也保存在Dropbox 或 iCloud 等多个地方会比较万全。

所以说，把一切信息保存为电脑数据，并且一定要把这些数据存储到云端服务器上，而不是保存在自己的电脑中。

有的公司，可能会要求员工把工作上的数据，保存在部门内部或者公司内部共享的服务器上。即便如此，也要尽可能地把自己需要的相关数据保存到谷歌云端硬盘上。

这样，不论是因为工作而外出，还是不得不在自己家中工作的时候，都可以立即访问自己需要的文件。

顺便一提的是，只要认真地做好安全管理，就不会出现无关的人员从外部访问数据的事情，因此不必担心数据泄露。

一个账号解决所有问题

在第 5 天的课程中，对已有数据进行了整理。如果这些数据现在还保存在自己的电脑中，请立刻把它们全部转移到云端硬盘上，并且以后全部保存在这里。

总之，要灵活运用可以代替 Word 和 Excel 使用的谷歌云端硬盘。

在前面的课程里，推荐过使用谷歌日历来管理每天的工作计划。最近，也有很多人在使用谷歌邮件来收发电邮。为了使用每一种服务而到处注册账号，使用起来就会变得非常繁杂。但是只要记住一套谷歌的账号和密码，之后**所有事情都可以利用谷歌得到解决**，创造一个只需一套账号就能完成所有事情的环境吧。

推荐使用谷歌云端硬盘最重要的理由，就在于在这里可以免费使用和 Word 具有同样功能的谷歌文档，以及可以像 Excel 一样制作表格文件的谷歌表格。

这样，就不再需要分别打开不同的软件，再建立新的文件。只需要使用云端硬盘，就可以搞定从文件创立到保存的所有步骤。

在存储容量上，最大可以免费使用 15GB。此外，云端硬盘还可以共享某个文件，也适合需要多人共同完成的工作。使用云端硬盘，在每次文件更新的时候，就可以避免出现因文件增多而不便整理的麻烦。

现阶段，虽然 Word 和 Excel 软件还是主流工具。但是，若干年后，也许大家都开始在云端工作时，或许使用谷歌文档和谷歌表格的工作方式就会成为主流。

那样的话，就不再需要通过邮件来发送文件，只要在谷歌云端硬盘上面共享文件，任何人都可以马上访问并进行作业。

如何预防“关键时刻忘记密码”的情况

在把数据全部转存到云端之后，现在，让我们进一步完成最开始提到的“把所有还不是数据的东西保存为数据”这一内容吧。

不仅要把纸张上的内容保存为电脑数据，只要纸张上面有需要的信息，也要把它们全都保存为数据。

在第 3 天的课程中，已经进行过“把重要的信息记录到谷歌表格中”了。同样的，如果有应该记录到谷歌表格中的信息，就汇总到一起记录下来。当然，谷歌云端硬盘中的谷歌表格文件和谷歌文档，也要保存到已经分好类的文件夹里。

软件的序列号、金融机构的账户、密码，等等，所有需要妥善保存的重要信息，都要保存到一个表格文件中，而不是分散地记录在不同纸张上。

此外，还有卡号和会员证上的会员号码等，也不要写在笔记本或者纸张上面，而是记录到谷歌云端硬盘的表格文件中。从钱包或盒子里取出卡片，并把自己的会员号码记录到表格文件中。

这样利用手机就可以迅速查看并确认自己的会员号码，也就不必随身携带大量的卡片了。如果钱包里放着很多会员卡，说明钱包没有被整理好，金钱运也会下降，因此请注意。

听取这一建议并做出相应改善的学员，在第二年金钱运有所上升，储蓄增加了 200 万日元。

在现今这个网络服务层出不穷的时代，比起看得见摸得着的会员证，我想每个人在网站上的注册信息远比自己拥有的会员证要多得多。

这些账号的密码，尽管在当时有登录过，但是经过一段时间，想再次登录的时候，经常会出现忘记账号和密码的情况。

无论如何都想不起来的时候，只能一次又一次地重新设置密码。更糟糕的是，需要重新注册账号，只能说这样的事情十分浪费自己的时间和功夫，不仅如此，对于网站来说也是一种浪费。

用谷歌表格把这些信息一个不漏地记录下来并进行管理。把注册网站的地址、账号、密码都一一输入进去。以后每注册一个新账号的时候，一定要把它记录到这里。

这样，以后在网上购物或登录的时候，就不必再去花时间搜索邮件或不停地尝试密码了。当然，时间的浪费就会减少，也可以更高效率地工作了。

如何减少时间的浪费

如果有不能忘记的重要信息，不论是记录在纸张上的，还是出现在邮件中的，把它们全部按照不同种类，分别汇总到各自的谷歌表格中。

最开始的时候汇总起来可能会很辛苦，但是一旦做成表格，之后要做的只是在信息有更新或者补充的时候，马上打开表格输入进去而已。

只需要这很少的功夫，就可以节约出寻找需要信息的时间，不论是用手机还是电脑，不论身在何处，都可以在最短的时间内找到目标信息。

不论是到家之后查找户头信息，记录到文件中；还是在想输入会员号码的时候，把会员卡从钱包中一一拿出来，每次在真正开始之前都要花费很多时间。

考虑到为了开始下一个行动所要花费的时间，就不能舍不得把信息记录到谷歌表格中的时间了。

把必要的内容保存到谷歌云端硬盘上，是一件可以大幅提高效率的事情。

不论是使用台式机还是笔记本电脑，不论是在公司还是在家，或在任何地方工作时，在需要记录的时候，都不必创建一个新的文件。只要同一个文件就可以更新。因此，也不会有需要整理的文件。而且，在谷歌文档和谷歌表格中，原本就不存在“文件（file）”这一概念。因此，“文件（file）”的数量减少了，自然就可以做到整理有序。

自然，也就不必再像以前那样在电子邮件中添加附件，或用 USB 来转移数据了。

而且，电脑本身就带有必然会损坏的麻烦。但是，只要云端上有数据，就可以立即复原。

以前在购买新电脑的时候，转移数据就要花上整整三天的时间。现在，只要云端上存储着所有的数据，就不会再出现从前那样的情况。不论使用哪一台电脑都可以即刻进入工作状态。

考虑了这些情况之后，可以说，只要在云端上存储好数据，就可以比之前工作顺利得多，被浪费掉的时间也会不断减少。

我的公司是以在家中工作的住外员工为中心的公司。通过数据的云端化，不论在哪里，不论使用哪台电脑，不论是在半夜还是在休假时，一旦发生了紧急情况，都可以马上得到处理。因此，从员工数只有两人的时候开始，一年间销售额就提高了 2 亿多日元。

那么，以上就是第 6 天的课程内容了。

让我们通过把分散的信息汇总并保存到云端服务器中的方式，创造一个在紧急时刻可以让自己立即做出应对，同时可以随时确认对自己而言的重要信息的环境吧。

19点30分就可以完成工作。
剩余的一小部分工作，
在家里或回家路上
利用手机完成。

职务津贴提高了5万日元！

Day 7

第七天

一目了然的目录打造完美工作环境

如何通过创建目录来看清数据

在云端上整理好数据，并汇总上传重要的信息。仅是这样，利用电脑工作的效率就会大幅度提高。

但是，为了能够进一步地提高效率，另一个需要提前做好的准备就是创建目录。

一提到目录，脑海中就会浮现出放在书籍卷首处的提示了书籍中每个章题及页码等信息的这个东西。网站里的数据也被叫作index。

我们经常看到的,是揭示了网站结构的网站地图这样的目录。让我们把它运用到自己的数据管理中去吧。

自己的数据自己看到就知道是怎么一回事，不需要这种东西吧。您是否也有这样的想法？又不是要做一本书或者建立一个网站,也没有复杂到还需要做一个索引,那为什么一定要做索引呢?您可能会对此感到很疑惑。

在管理数据的时候，文件夹的里面还会有其他的文件夹，而在那里还会嵌套着其他若干文件夹。

文件夹里可以不断建立出多个层级并进行整理，是电脑数据的一个优点。但是，只是看到第一个层级的文件夹，是无法一眼就看出来里面还存放着什么样的数据的。

为此，我们需要制作目录。

根据目录，就可以创造一个在打开文件夹之前可以看出哪里有什么样的数据的环境。

在表格中汇总文件夹的内容

假设，我们现在已经按照“市场营销”“销售相关”等不同的业务类型，或者“××联络会议”“讨论组”等不同的活动类别分好了文件夹，并且正在整理各自相关的文件。

但是，每个相关文件中还会有更加详细的分类。在“市场营销”这个类别的文件夹中，还会有“报告”“促销计划”等，根据更加细致的业务内容而分类，或者根据不同商品、不同服务等来建立文件夹的情况。

虽然也可以通过检索的方法来找到自己所需要的文件究竟放在哪个文件夹中。但是，大致上，在那文件夹中有着什么样的分类，只需要通过事先做好的目录，就可以轻易掌握了。

比如“报告”文件夹，每个月从××出来的商品销售额的报告书，商品类则是各自的商品名称等，把这些可以看出文件夹内容的项目，输入到谷歌表格中的每个格子里。

然后，把超链接也输入到旁边的格子里。

至于超链接，如果是谷歌云端硬盘的话，可以通过“获得链接”和“复制”等方法，来进行复制粘贴。

不需要实际打开文件夹中的下一个层级，只要目录表格中有要找的目标文件夹和文件，点击链接就可以打开目标文件。

决定好每件物品的固定位置

习惯了根据规则给文件夹分类，以及建立目录之后，怎样的分类方式比较好，事先考虑好再制作目录，并且配合着目录再创建文件夹就可以了。

事先决定好分类数据的标准，在建立文件夹的时候也遵从这一规则，这样的方式是最理想的。

创建索引，并且掌握了自己是如何整理数据的情况，渐渐地就会形成自己分类的标准。因此，也就可以确定规则了。

规则确定了之后，数据也就有了各自的固定位置。

整理物品时的诀窍是**“决定好每件物品的固定位置”**。并且，位置一旦固定下来之后，就要明确标识出这些物品的位置。

据说，在开发出“改善”“看板管理”“即时生产（justintime）”等各式各样生产模式的汽车制造商丰田公司里，为了提高生产效率，在进行整理的时候，最基本的一点就是显示出物品的固定位置。

电脑中的数据是以文件的形式进行管理的，如果没有“要去看”这个意识的话，是看不到的。因为固定位置也会在日常生活和工作中被忘记。

因此才会把在哪里有什么的提示放在物品的旁边。

举例来说，在文件盒的背面贴上写有“经营 4”的标签，或是“摄像机 1 ～ 6”“项目 1、2……”等，把其中存放物品的详细内容写到标签上，并贴在上面。“写在纸上贴出来”“在架子上贴上标签，写清楚里面存放的物品”，通过这样的方法，即便意识不到“要去看”也能够“看得到”。

我制作的数据目录也是一样的道理。

什么样的数据在哪个文件夹里，只要能够一目了然地掌握这些信息，那么不论是在整理数据的时候，还是在找数据的时候都能了然于心。

进而，不仅仅是电脑数据，也可以用谷歌表格给自己的物品制作一个固定位置的目录。

××保证书在这里，××钥匙在那里……提前做好一览表，只需要查看文件就能在关键时刻立刻知道要找的物品的位置。

如何让数据一目了然

为数据制作目录，不仅可以让自己知道在哪里有什么物品，对他人来说也是如此。

现在，利用服务器共享数据并进行工作的方式，已经变得司空见惯了。

数据管理，已经不再是只要自己看得懂就够了。

因为大家都在寻求着能够让数据一目了然的结构。不论是谁看到这些数据，都能够一眼就看出哪个文件夹里有什么数据。

在公司内部，或部门内部通过服务器来共享数据的话，我想可能会出现，大家都根据自己的判断来创建文件夹，或是把文件存放到了其他的文件夹中，导致共享数据的存放变得乱七八糟的情况。

如果只是自己知道，但是其他人不能马上知道在哪里存放着什么数据，还需要一一打开文件夹进行翻找的话，就会大幅度降低工作的效率。

对于这种情况，不能认为这是别人做的事情和自己无关，而是应该由自己率先整理好数据。为文件夹起一个简单易懂的名字，建立好规则，把每一个文件都分配到各自的文件夹中，再制作好目录文件。

这样一来，自己部门的同事或者公司里的其他同事，都会明白数据分类的规则。在保存数据的时候或使用的时候，都会非常清楚。

如果其他人都非常忙，想做也没有余力去做这件事的话，你只是帮忙做了这件事，就会得到对方的感谢，在职场中的评价也会提高。

而这对自己而言，在要找数据的时候也不必再去询问别人，对于推进工作来说，也节约了时间。

一个让所有人都能共享的系统

通过对共享的数据进行整理，会减少意料之外的浪费，职场整体的效率也会增加。

比如，以前部门内部各自制作客户列表。自己在工作中需要用到的时候，把这些分开的列表汇总成一个文件，并且共享给其他人。之后只要有人更新，每个人就都能使用这些更新的信息，这样也免去了分别做成不同列表的浪费。

为大家共同使用的物品和场所等的密码，也制作一个目录汇总起来。这样也就不需要每个人都记住密码，也可以得到参考。

尽可能地像这样为大家制作一个所有人共享的系统是非常重要的一件事。

在我的公司中，每日报告等内容，都会上传到每个人都能看到的共享文件夹中。因此，每个人都可以掌握其他同事的工作动态，工作安排起来也容易多了。

共享这些信息之后，就可以知道现在对方正在做这件工作应该会很忙。又或者如果要做某某工作的话，那么顺便把相关的事情也交给对方比较好……这样，工作就可以高效率地进行下去了。

这样，每一位员工的工作阻力就会减到最小，每个人很容易就能把精力集中在提高销售额这一重要的工作之中。

为了让自己能够专注地工作，不浪费脑力记住多余的事情，就要把事情记录到列表或者谷歌日历中，再制作目录。同样的，公司也通过对数据进行整理，创造一个可以共享的结构，不把精力浪费在没用的事情上，效率自然会变高。

通过建立起每个人都能集中精力工作的环境，工作的质量与速度就能得到提升，最终营业额也会提高，并且会反馈到自己的工资的增加中。

“没有必要连公司的环境也一起整理吧……”您如果这样想的话，那么不论经过多久，都不会被评价为工作能干的人。

因为支付自己工资的是公司的销售额。所以，为了对公司整体的销售额做贡献，能做些什么，首先就从推进数据的整理并制作目录，为大家共用的物品做出简单易懂的提示开始做起吧。

第 7 天的课程就到此为止了。

数据不仅得到了整理，还建立了能够一眼看出在哪个地方存放了哪些数据的结构。我想，工作的环境肯定得到了更好的整理。

公报1月
公报2月
公报3月
经理1
经理2
目录

F君为大家共享
的数据
制作了目录，
作为组长
被大家认可。

奖金提高10万日元！

目前的F君每天的工作可以节省3小时，
年薪从320万变成了403万日元！

Day 8

第八天

使用工具可让效率事半功倍

工作中必不可少的两类事物：道具与素材

截至第 7 天的课程为止，我们已经学习了如何整理工作环境中的物品和数据。在为期两周的课程中，仅仅学习第一周的课程，工作的效率应该已经有了大幅的提升，被浪费掉的时间也有所减少。

从时间上来看，一天里应该多了 3 小时左右的时间。但是，您肯定还不满足现状，还想进一步提高下去吧。

实际上，真正做着收入会不断提高的工作的人，并不是仅仅靠着数据和物品的整理来提高效率的，还会时常储存工作灵感（idea）和可以作为工作素材的资料。

工作中会使用到的东西，大致上可以分为两类：

“道具类”以及“素材类”。

文具以及客户相关的数据、订货单等文件，是推动工作进行的工具。把这些物品整理得便于利用，工作的效率便会得到提高，这种便是道具类。

另一种就是会和提高销售额联系到一起的素材类。包括文件、书、杂志和商品本身等，各式各样的物品都可以算在内。这些材料最终都要进行数据化，并且根据需要，关键时刻能够在头脑中进行搜索就能够快速利用。

在教授整理方法和工作方法的书籍中，会告诉读者如何整理桌面、文件和数据等。但是，另一个同样重要的内容“提高销售额的一手资料”，就几乎没有涉及了。

当然，仅仅是整理好了工作所需的用具，工作的效率就会有所提高。工作自然会变得更加顺利，销售额也会有所提高。但是，这些还不是可以真正大幅提高收入和收益的能力。

于是，从现在开始，为了最终能够学会成功人士的思考方式和做法，我想教给大家更高级的整理法。

为何素材如此重要

在刚刚的小节里，我们把工作中会使用到的物品分成了两个类别。但是极端地说，道具类的物品和收益并没有直接关系。它只是辅助提升收益的角色而已。

因为不论文具整理得再怎样整齐，客户的相关数据制作得再井然有序，这些事情本身并不会提高销售额。

那么，什么才能提高一个公司的销售额呢？是这个公司的商品或其服务本身。

要说素材为何如此重要，因为，素材才是催生新商品或者新服务的企划案的源泉，也是**最终提高销售额的源泉。**

因此，仅仅是将身边的物品和数据进行整理，即便可以缩短作业时间，但是对营业额的提高、对自己收入的提高却没有太大贡献。

真正在工作上非常能干的人，不仅能整理好数据和其他工具类的物品，使它们处于随时都可以使用的状态，还能够每日利用节约出来的时间储存素材，进行信息内容化。

要想做到这些就需要具备相应的素养。因此，在第一周的课程里，就必须学习如何进行整理。学会了这些内容，自然就会为了提高营业额而有意识地不断收集素材。

而且，素材是灵感的源泉。和道具类物品一样需要整理好以便随时都可以使用。

为此，最终把一切进行数据化是最重要的。

通过数据化这一方法，做到随时随地都可以即刻进行参考，不会占用不必要的空间，也可以保存大量的素材。

素材数据化需要注意的地方

素材主要是指将信息记录在纸张上的杂志或者书籍等物品。对这些物品的整理，我们已经在第 3 天的课程中学习过了，利用扫描、图片，或输入到谷歌表格中去，来完成资料的数据化。

特别是书籍会占用一定的空间。因此，新建一个读书专用的谷歌表格文件，把自己认为可能会有帮助的部分记录下来，在阅读的同时即刻就进行记录。

这样做的话，也就不再需要保存书籍本身了。可以立即转赠给他人，或者售卖给二手书店。

坚持进行记录，最终所记录的表格文件中会积累众多的信息，由此也会产生全新的策划案，或者在开会或者在销售的时候，可以作为资料使用。不仅如此，这也会为产生自己特有的信息内容而做好准备。

把素材中有用的部分进行数据化并储存起来，这是储存素材的基础。把自己认为会有帮助的那部分内容收集下来，剩下的部分则没有必要进行数据化。

比如说，为了比较某些商品而收集资料，或者拿到估价单等资料时，将价格、尺寸和功能等内容记录到谷歌表格中，而收集到的文件则要丢弃掉。如果需要的内容只是数字和产品规格的话，不要保存成图画或者 PDF，而是要保存为文本文件，可以进行搜索，这样会更加方便。

即便是杂志，把一整页的页面完全扫描下来，也会使人不清楚在这一页中什么才是自己需要的信息。因此，**请弄清楚自己应关注哪个部分，又是为了什么而保存这条信息。**这就是在把素材数据化时最需要注意的事情。

资料不用带回家——当场搞定数据录入

举个我自己的例子，一次乘坐某列新干线的时候，我浏览着放在座位后面的杂志，其中一则报道引起了我的兴趣。

那篇报道写到，美国最好的大学哈佛大学开设了某个在线的课程。

一般来讲，在线课程是在线下的课堂中学习知识，在网上提交作业，这是比较普遍的模式。但是，在这篇报道中，学习知识是通过在线课程就足够了，因此，哈佛大学采取了在线上学习过课程之后，再来到学校进行讨论这种和惯例不同的形式。

我也在经营一家在线课程学校。而我所关注的点，正是哈佛大学提倡的方式，正好和我所提倡的想法相一致。我认为这篇报道作为学校会讯的素材是必要的，因此我立刻把它记录到了谷歌表格中。

通常情况下，人们可能会因为这是一本可以随意领取的杂志，就把它当作参考资料带回家保存起来。

但是，我则是当时就把它记录到了存放在谷歌云端硬盘里素材专用的谷歌表格中。“某某杂志某月号哈佛大学发现在线课程的重要性在线学校自 20×× 年 × 月开始”。只要把这一信息输入好，就可以不用带走杂志，就保存好了需要的信息。

像这个例子这样，当时就把需要的素材内容保存到谷歌表格中去，是我推荐的最好的办法。如果不在当时就解决掉，为了保存素材就会花费更多的工夫，不仅会浪费时间，还要去做丢弃杂志这种多余的事情。

这样记录下来了之后，就可以当作自己撰写专栏的素材，“著名的哈佛大学也在使用在线课程进行教学”。并且这一素材已经被存储为数据了，可以不靠记忆就能标明出处与时期等内容。

另外，需要注意的是，记录的时候只需要记录专有名词、日期、杂志或者书名与概要。没有必要原封不动地把文章内容记录下来。因为并不是要引用原文，只是把它当作灵感的来源而已。相比之下，自己究竟是为了何种目的而存储这个信息，也要清楚地记录下来。

如何避免双重浪费

在刚刚讲述过的示例中，推荐了不把杂志带回家，而是当时就进行数据化处理的方式。然而，大部分的人，在杂志和书上看到几处可以使用的素材时，会在那一页上面贴上便笺，抑或把杂志或者书籍当作资料带回去。

可是，**这样的行为会产生双重浪费。**请尽量不要这样做。

第一层的浪费，即便是把它当作资料带回去保存起来，之后在进行素材整理的时候，也会因为各种信息掺杂在一起，而变得难以利用。这是时间上的浪费。

第二层的浪费，把杂志带回去了之后总有一天要丢弃它。这是对物品本身的浪费。

在刚才的例子中，当时的我，也可以在下了新干线也就是回酒店时先把杂志带回去，然后在晚上睡觉之前，再把有用的文字摘要下来。但是，带着一本知道最终要丢掉的杂志回去，是非常浪费的，我实在是做不了这样的事情。

在外面有很多可供大家免费领取的东西。然而**这里的免费领取并不是真的一点费用都没有。**

对于收下物品的个人而言是免费的，但是要制作并分发这些物品，一定是有企业为此出钱的。

我是一名经营者，因此会站在出资的企业方的角度来思考。如果有人拿走了不需要的物品，他不会变成顾客，但他占用了这些东西而使需要这些东西的人却得不到这些东西。因此，出资企业就会产生不必要的成本，最终商品的价格就会不得不提高。

如果不只是一个人这样做，而是每个人都这样做的话，结果又会怎样呢？因为是免费的物品，如果有 1000 个人，每个人都把这些物品带回去，再丢弃，就会对社会造成巨大的浪费。

如果真正希望自己成为一个能给公司带来利益的能干的人，**就不仅要站在自己的立场上思考，同时也必须站在公司的立场、社会整体的立场上思考。**

即便认为对自己而言是免费的，而且也不需要花费很大的工夫，但是对社会而言却是一种浪费的话，也是不应该去做的。

因此，如果遇到有人对自己说“请拿一份走吧”，只要知道自己收下了之后不久就会把这件物品丢弃，请果断地说出“不用了”来拒绝对方。因为在不浪费物品的同时，也节约了丢弃物品的时间。

如何不被信息湮没

在养成“当场”记录素材的习惯之后，既不会积攒物品，也不需要花费额外的时间，渐渐地，知识和想法的来源素材就可以变成数据并积累起来。

让我们不断地舍弃纸张与物品，创造整洁的环境，并且每天有意识地记录并积攒素材吧。

不仅仅是杂志与书籍，日常生活与工作中的一切事物，只要有意识都可以成为有用的素材。

比如，在街头偶然看到的新商品、电视中介绍的最新的流行动向、地铁吊环上的宣传广告……假设自己经营着一家公司，如何才能提高销售额，这样思考，不论是为了商品策划，还是为了顾客的提案，要有收集有用的素材的意识。

但这并不意味着可以就此让自己沉浸在信息的汪洋大海中，不论什么信息都存储起来。

如今，不论是在普通网页还是在SNS网站上，任何地方都有铺天盖地的信息。单单只是整理信息本身就会花费很多时间，也有不少人因此认为自己工作了。

应该保存下来的素材，并不是从网上现学现卖的内容，而是自己的感受。

网络、电视和杂志中的新闻报道等内容，绝大部分只是二手资讯。

值得记录下来的，只有数字之类的统计数据以及与事实有关的内容。

这些正确且值得参考的信息可以储存起来。但是，在博客上或者针对网站报道的感想以及评论等内容，都只是一些二手信息，并不可靠。

可能的话，希望大家能把自己需要的部分，记录到谷歌表格中。如果无论如何都没时间，就只把需要参考的网站链接记录下来，再安排好时间记录到谷歌日历中，然后再去做。

此外，如果是在路上偶然发现了很好的素材，但是无法立刻记录下来，也可以用手机先拍下来。但是，要尽量养成在当天找时间把想记录下来的数据输入完毕的习惯。

这种情况下，要在输入完成之后，立即把拍摄下来的图片资料删除。

然而如果是当天也无法抽出时间整理的话，就每周留出大约两小时的完整时间，集中进行整理。

我想在习惯了立即整理的方式之后，就会因为珍惜整理信息的时间，而选择当场立即记录。

如果需要记录下来的只是数字，或者是自己的感受这类内容，使用手机可以迅速记录文本。手机是每个人都会随身携带的东西。因此，利用好当时的机会或零碎时间，不断地整理信息、储存素材吧。

那么，至此，关于数据整理的课程就暂告一段落了。

把一切都保存为数据、整理并建立索引，掌握其所在位置。这样，数据也能更有效率地得到利用。

我想，学习了这些内容，大家应该也意识到了，把提高自己工作水平的不可或缺的素材保存为数据并且存储起来的重要性。

关于这些存储好的数据的使用方法，稍后会在第 13 天的课程中进行详细讲解。现阶段，让我们着手于坚持每日积累素材的工作上吧。

素材
素材
素材
素材
素材
idea文件夹
F君开始收集素材，
提交的新策划
越来越多。
被公司采用。
F案
采用
得到了
30万日元
的奖金！
奖金
ワーイ

Day 9

第九天

做时间的主人

如何准确记录时间的开销

从这一课开始，终于要为大家介绍如何让自己成为一个头脑清醒、有效率、能够得到高度评价，最终有着与之相匹配收入的商务人士的方法了。

为此，首先想让大家做的就是**掌握自己的时间**。

希望大家能够回想起，在第 4 天的课程中，学习如何使用谷歌日历来为自己做计划的方法时，也曾写到大部分的人在最开始的时候，无法准确预估自己工作所需的时间。

不论是时间还是自己的思路，都无法用眼睛捕捉到。因此，要正确地整理好它们并不容易。但是，这才是在工作中最重要的、最应该整理的内容。

因此，在第 4 天的课程中，我们通过使用谷歌日历这一工具，把时间可视化，使其便于整理。

利用谷歌日历制作时间表，并根据这张时间表进行工作。通过这样的方式，渐渐地，就可以看到自己在工作中所花费的时间了。

但是，谷歌日历是以 30 分钟为刻度的工具。因此，无法真正精确地掌握所花费的时间。

于是，为了能够精确地掌握自己所花费的时间，让我们来准确地记录时间开销吧。

通过记录时间开销的方式，培养有意识地优化效率的习惯。这样就可以知道，在一件事情上精确地花费了多少时间。

知道了精确的时间，才是真正整理好时间的状态。

用“有时间”的概念来做“没时间”的事

从前，我在补习班当老师的时候，为了提高学生的成绩，曾经要求学生记录下自己从早上起床到晚上睡觉前的所有时间开销。

在当时，还没有谷歌一类的工具可以使用。因此，我要求同学们先记录在笔记本上，以此培养他们对于时间的意识。

已经在补习班里面上课了，当然每一位学生都在说自己每一天都在学习。尽管如此，成绩却毫无起色。这实在非常奇怪，因此，为了让同学们意识到，这种情况实际上是自己并没有把心用在学习上，我让他们为自己的时间做个记录。因为人是绝对不会改善自己没有意识到的事情的。

其结果非常棒。到学生开始记录时间后的一个月左右，在没有特别去做其他努力的情况下，学生们的成绩明显有了提高。

这究竟是为什么呢？是因为同学们自己意识到了，实际上自己浪费掉了很多时间。

比如，记录时间的时候，不能记录成“几点到几点，学习了”，而是应该记录下来“几点几分到几点几分，做了习题册第几页到第几页”。应该像这样把具体的时间以及学习的内容，精确地记录下来，这才是记录时的重点。

如果只是记录下“学习了”，那么这样的记录可以说毫无意义。我要求学生用数字表示出来自己做过的事情，学习以及学习之外的事情，不论是多小的事情，都要一一记录下来。

按照要求记录下来之后，就会意外地发现有些时间自己“记不清自己究竟干吗了”，而且这些时间还特别多，学生们都注意到了这一点。因为是备考的学生，所以，虽然感觉自己每一天都学了很多东西，但没想到还是有相当一部分的空白时间。

算出全部学生的空白时间的平均值，一天之中竟然多达 5 个小时之久。

这些空白的时间就等同于没有一样。“如果把这些空白的时间，全部用在学习上面的话，成绩应该会比其他班的学生都好吧。”当我把这话告诉学生之后，学生的意识也有了转变，不再需要老师的督促，成绩自然有了提高。

这些学生也并非是那些极其优秀的学生，他们只是在学习上投入了比其他人更多的时间，成绩有所提高也是自然而然的事情。

把“没有时间”的想法当作“有时间”，就能利用好时间。

这才是记录时间的正确方法

时至今日，我依然会在为商务人士开设的课程中，推荐他们使用记录时间这一方法。但令人遗憾的是，成年人嘴上说着“我会记录的”，实际上真的去记录的人却寥寥无几，难以见到高中生那样的成果。

而那些说自己记录了的人，记录下来的也多是“9 ～ 17 点：工作”“19 ～ 20 点：吃晚饭”这样的内容，完全没有任何意义。

在记录的时候，要把做过的内容准确地记录下来。比如，做了什么工作，自己都做了些什么。而且，记录的时候必须以分钟为单位进行记录。

- 9 点：开始工作、检查邮件。
- 10 点：商谈。
- 11 点：开会。

这样的记录方式，只是谷歌日历中的时间表而已。实际情况不可能是这样的。

真正准确的时间记录应该是这样的：

- 8 点 58 分到达工位。
- 8 点 59 分启动电脑。
- 9 点 04 分泡了茶回到座位上。
- 9 点 06 分开始查看邮件。
- 9 点 27 分查看邮件结束。
- 9 点 31 分开始回复邮件。

……类似这样的记录，在开始下一个动作之前，会有数分钟的间隙。

另外，即便记录写着“开始工作”，然而实际情况中，却还包含着“到达座位”“启动电脑”“泡茶”等许许多多的行为及其所花费的时间。应该能意识到，自己并非是从时针指向 9 点时的那一刻就开始工作的。

记录自己的正确时间

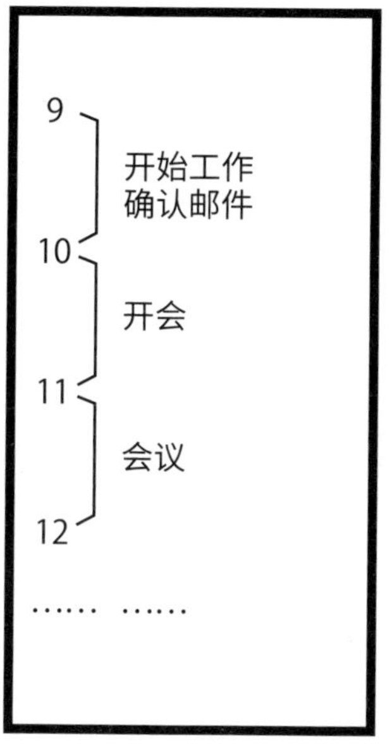

8：58　到座位

8：59　打开电脑

9：04　沏杯茶，回到座位

9：06　确认邮件

……

9：27　结束

9：31　开始回邮件

……

必须以分钟为单位，
将做的事情详细记录下来。

你 5 小时的空白时间都在干什么

我想，大家以前可能没有正确地记录过时间。如果可以的话，最开始请坚持一个月，至少也要坚持连续记录一周。

在不断地重复着自己的工作并且记录下来的过程中，慢慢地，就可以知道自己在一天之中究竟都做了些什么，能够准确地知道进行某项工作所花费的时间。

在减肥上，最近大家也都知道了记录对于减肥的意义。只要坚持把吃过的食物和运动过的内容记录下来，就可以瘦下来。可以说时间管理也是同样的道理。

实际上，在使用谷歌日历做工作计划之前，首先连续地记录一段自己的时间开销会更好。但是在这里我们就先让二者同时进行。

在这样记录的过程中，应该就会明白在每一项工作之间，都会有一段间隙时间。

然后，还会从中得知，虽然自认为在工作，但是实际上，很多时候都在做一些和工作没有关系的事情。

比如说，在网上查找资料的时候，一不小心就会变成在不断地点开新的页面，开始上起网来了。而把这些时间全部加在一起，一天之中会有 2 小时甚至 3 小时以上的时间，花费在浏览网页上面。

在记录的时候,不是记录“在网上查找资料”这样的行为本身。而是把“调查关于 ×× 的资料”“搜索了 ××”“阅读了 ×× 的报道”等具体做过的内容，准确地记录下来，之后就不难看出自己在和工作无关的事情上花费了多少时间。

把这样的时间也看作空白时间，和零碎时间全部计算在一起的话，就结果而言，即便是在工作的时间里，也会发现一人平均有 5 小时左右的时间，没有在进行工作。

这样，我们也就弄清楚了 F 君每天不得不加班 4 小时之久的缘故。

是树立时间意识的时候了

详细的零碎时间的利用方法，会在之后的第 11 天的课程中进行讲解，因此在这一小节中暂时还不会触及。但是，尽全力减少与工作无关的空白时间，工作速度将会大幅提高。

首先，在记录下来的时间开销中，找到“去厕所”“从厕所回来”“和旁边的人闲聊”这种和工作没有关系的行动，并把它们圈出来。把这些事情花费的时间累计起来，如果时间很多的话，说明重新审视一下自己的行动比较好。

去厕所的时候，是否还会把时间花费在和遇到的人聊天上呢？女性的话，是否还会进行若干次补妆？

原本没打算和别人聊这么久，但是和同事越聊越起劲，就会花上 5 分钟甚至 10 分钟。

坚持记录时间开销，渐渐地就会产生时间意识。去厕所的时候，也会告诉自己要在几分钟之内解决，这样，花费在某一行动上的时间也会变得精确起来。

这样，花费在工作之外的时间应该就可以控制在最低范围之内了。

其次，尝试着以分钟为单位，细分工作中的内容。比如，工作开始前的准备与收尾的时间、拿取或收纳东西时花费的时间、寻找物品或者移动时的时间。工作内容细分化之后，应该会感觉到自己在这些行为上面花费了太多的时间。

大部分人，真正花费在工作中的时间其实很少。反倒是把大部分的时间都放在了这些工作附带的部分里。

当然，为了不使事情发展成这样，在之前的课程里面，已经学习过了整理物品、数据化资料使其便于利用的方法。因此，我想与以前相比，应该已经有了很大的改善。这次，让我们来试着进一步挑战一下缩减时间吧。

例如，迄今为止，我见过不少人们眼中的成功人士。这些人，走起路来都十分迅速，和他们在一起的时候，就会感觉到普通人的走路速度十分缓慢。

说实话，在接触其他人的时候，感觉大家的行动都像是慢镜头一样（笑）。

为了能够尽可能地压缩工作连带的作业和行动，首先试着加快每一个行动的速度吧。

并不是多花时间就能做得更好

虽然在前面的小节中提到提高行动的速度，但是，自己在长年累月中已经习惯了一些动作。因此可能会认为这些事情就是需要花费这么多的时间，而很难意识到还可以再改善。

前些天，我和学生们聚在一起吃火锅。开始做准备之后，一直不见菜上来，于是我便去看看他们到底在做什么。过去一看才发现，原来他们正在非常仔细地一片叶子一片叶子地清洗白菜，准备工作没有任何进展。

他们看起来不慌不忙的样子，并且对我说，平常准备起来差不多需要一个半小时，叫我再稍微等一下。

我对他们说“**我来做的话 10 分钟就能做好**”，大家都感到十分惊讶。当我真的开始准备之后，确实只花了不到十分钟。

我也没有为此专门做什么特别的事情。只是在日常生活中，有意识地去缩短开始下一件事的时间，以及自己做每一件事情的速度。

像这个例子中，这种“这件事情就是会花费这么久”的想法，实际上是错误的。因为每一件事情都可以缩短更多的时间。

和女性朋友去旅行的时候，很多人告知早上要准备一个半小时，结果还是磨磨蹭蹭的情况。是我的话 5 分钟就可以完成。因为平日里一直在这样训练。

你认为完成一个策划案需要两小时，因此一直留出两小时的时间。实际上可能不用花这么多时间。为了紧急赶上给社长做简报，不得不在 30 分钟之后提交。如果面对的是这样的状况，那么 30 分钟就可以完成。

进一步讲，并不是说多花些时间就能做出更好的东西来。

接下来的这个例子，依旧是一则跟吃饭有关的小故事。我曾有幸到据说非常会做菜的人家中做客。但是，如果把等待的时间也算进去的话，让人等了 3 小时之久的菜肴，很难让人感受到有多么棒。

同样味道的菜肴如果能够更快地端上餐桌的话，其价值应该会高得多。即便只是一道中规中矩的菜肴，能够快速地呈上餐桌，也会更加令人高兴。

大部分的人，认为时间要多少有多少，误认为“这项工作就需要 ×× 小时”。把这样的误会除掉之后，尝试着用更短的时间做这件事情。这样，即便是同样的一项工作，得到的评价也会更高。

没有在规定的时间内完成任务，就不吃午饭了

为了提高行动的速度，计时是一个非常有效的方法。

走路的时候用秒表来计时，或者在工作前上个闹钟设置好时间限制，每天都来挑战一下，看看自己能够缩短多少时间吧。

我非常喜欢通过计时的方式来缩短时间。在工作之外，即便是一些很小的事情，我也会把它“当作游戏”一样在做。比如，能否在 10 分钟之内给孩子准备好辅食。

“如果在规定的时间里没有完成的话，就不吃午饭了”，像这样给自己一个小小的惩罚，激励自己的斗志也是非常快乐的一件事情。

另外，做事之前要先做好计划，站在如何才能优化每一个行为的视角上，细节上也不要满足于现状。要时常思考如何才能以最快的速度完成一件事情。

前些日子，在讲座的时候，我拜托公司的员工“把桌椅摆成‘U’字型”，然而他们却为此花了 15 分钟左右的时间。

我非常惊讶，过去一看，原来是因为稍微思考了一会儿（似乎是在思考要如何挪动桌子），踱步走到桌子旁，然后再招呼某人来一起搬桌子……

这么花时间的根本原因在于，走路的速度以及每一个行动的速度太慢。桌子要两个人同时抬才能挪动。因此，等自己开始行动了之后才开始招呼另一个人来，再让他一起搬当然会出现时间上的浪费。而出现这样的事情，是因为他们没有提前思考过。

如果能提前思考好步骤再开始行动，即便是做同一件事情，也不会花费如此多的时间。

大家可能见到过，在搬家的时候，搬家公司的人以电闪雷鸣之势进行打包、搬运行李的样子。这些看起来自己做要一整天的事情，交给他们来做，只需要几小时就可以完成了。

如果没有多余的行动，思考过高效率的方法再付诸行动的话，日常生活中的一切动作都可以更快完成，自然能够节约出时间来。

如何为自己充电

像这样，坚持有意识地给自己精确地计时，最终就可以预测出自己完成一件事需要花费多久的时间了。

大致坚持一个月的话，应该就不会出现实际完成时间和预计时间的误差了。

如果向在商业上取得成果的人请教时间的使用方法的话，就会发现，为了工作充电而进行的学习活动，平均一天一共要花掉 5 小时左右。

一说有 5 小时，就感觉好像分配给了学习相当多的时间。但是，就像我们在前面说过的那样，普通的商务人士，平均每天有 5 小时左右的空白时间。

把这 5 小时分配给学习的话，工作水平有质的提高也是理所当然的事情了吧。

如果能削减掉空白时间，必须加班才能完成的工作也可以在正点完成。工作结束后，就可以去上上课、读读书或者参加讲座之类的活动。

如果在工作的时间能更快地完成要做的工作，就可以每天都为将来的自己做准备，比如，收集能变成素材的信息，或者为新策划提交方案而进行调查等。

一直在为工作忙得焦头烂额，没有时间为了将来学习。有的人会有这种想法，实际上是因为时间被浪费了很多。

年薪高的人与年薪低的人之间的差距，在于完成每天必须做的工作之外，还能在学习上投入多少时间。

现在是信息革命的时代，社会正以前所未有的速度变化着。如果只是做着自己手头的工作，不仅顾不上将来，就连时下的商业动态都无法跟上。

意识到并且减少自己所浪费的时间，把这些时间投入到学习当中吧。

那么，到此为止，如何把握自己的时间的课程就结束了。

如果能做到准确地预测出自己的时间，就说明做到了时间的整理。

在此之前，请把今天的课程内容每天都坚持下去。

F君通过记录
时间开销，
竟然成功节约了
1小时！
ムダ
ムダ
ムダ
六点半就可以
回家了！
利用空余时间学习。
终于
成功考取
资格证书！
ワーイ
合格
为此工资增加了
2万日元！

Day 10

第十天

如何通过固定模式节省时间

对于需要重复进行的工作，套用固定的模式是最有效的方法

我们在第 9 天的课程中，提到倡导大家思考如何缩短日常生活中一切动作的时间。对于缩短时间有帮助的是**模式化**。

如果对每天的工作进行记录，就会发现很多时候是同样的工作在不断地重复着。

比如，邮件的查看与回复、每个月都要寄出的付款通知单、写给客户的方案、制作会议策划案……

即便看起来好像是每一次做的事情都不同，但是定期会产生相同的工作。如果没有意外的话，也会出现一天之中的大半时间都被消耗在相似的工作中的情况。

如果关注那些说着自己没有时间的人，就会发现，他们自己并没有注意到，在这些工作内容比较固定的事情中，他们把时间都花费在了从头开始制作文件上，或是一个一个地慢慢应对的事件上。

站在提高作业效率的角度来看，**对于需要重复进行的工作，**

套用固定的模式是最有效的方法。

模式化的代表是文件的模板化。

不论是策划案还是方案，其他和事务性有关系的文件，大体上都有自己的书写格式。为经常需要做的文件提前制作好文件模板吧。这样只需要往里面加入个别的要素，就可以马上做好一份文件。

对于此前没有制作过模板的文件，也请马上思考一下，这样的文件能否进行模板化。

如何制作时间模板

关于比较容易使用模板的文件，如报价单、汇款单和各种指南等，应该很少有人会从头开始制作这些文件。

但是，即便是那些乍一看觉得无法模式化的事情，在头脑中整理思考清楚的话，大多也都是可以通过制作模板来提高做事效率的。

在我经营的这家网络学校中，时常会准备各种各样的讲座。接下来要举的这个例子，就是我们的员工在准备这些讲座说明时的事情。

每一场讲座的开始时间各不相同，但是讲座介绍的设计是有格式的。因此，只需要替换掉顶部与底部的画像，再改变讲座的名称，一个新的讲座说明就完成了。

但是，工作人员却把介绍的设计在讲座开始前一个一个地去委托给设计师，浪费了一周的时间。

如果这些讲座的设计不是以单独的设计被委托出去，而是作为一个系列的设计委托出去，每一次讲座只要请设计师制作新的图片，又可以节省出多少时间呢？

如果只制作三种图片版式，手快的人大约需要 15 分钟。把这些注入设计格式中再加以调整，需要 15 分钟。提前做好设计，需要 30 分钟，一个讲座的说明设计就完成了。

如果是一个一个单独请设计师设计的话，设计一次需要花费 3 小时，再加上检查与修正的时间，转眼一周的时间就过去了。

这样的小事叠加在一起，就会大幅占据你的时间。首先请注意到，是你造成了自己一直忙于工作、毫无时间剩余的事实。

“什么嘛，这么简单的事情，当然要提前作为系列再委托出去啊。”可能您会这样想。但是，人就是看得清楚发生在别人身上的事情，却看不透出现在自己身上的情况。在实际工作中，像这样毫无效率的事情在频繁地发生。因此，如果不能意识到工作进度会变慢，是绝对做不到有所改善的。

今天举的这个例子，如果能把半年后的讲座的安排共享到谷歌日历，并掌握这些信息，同时还具有流程化意识的话，那么就能够判断出要把这些说明的设计作为系列作品委托出去。

然而大部分的人，在头脑中并没有做一个清晰的整理。因此，才会按照工作发生的顺序，每次分别委托出去，也不会意识到这会造成多少时间上的浪费。

思考在迄今为止的工序中究竟浪费了多少时间、功夫和费用。重新审视迄今为止的所有程序，**以还可以再改进为前提来思考如何调整是最重要的。**以这次的事例来说，一件自己认为需要花上一周时间的工作，实际可以缩短到 30 分钟。

同样地，我认为通过整理思考，每天的工作就会重新产生相当多的时间。请努力地意识到这件事情。

在所有邮件之中，真正重要的邮件一天有一封到两封

如果说，在工作中每天都在重复类似的工作的话，恐怕非处理邮件莫属。

似乎也有一天之中光是回复邮件就会花费两到三小时的人。这实在是一件非常浪费的事情。

在所有邮件之中，真正重要的邮件一天有一封到两封。

我一天大约会收到 200 封邮件，这其中非常重要的邮件大约有 5 封。除了这些重要的邮件，其余的邮件只需要使用预设回复，快速地按照浏览顺序进行回复，就可以完成处理了。

注意到这件事情，是我刚开始在电邮杂志中教授“在家赚钱的方法”的时候，每天都会收到 200 封关于提问和咨询的邮件。为此，我遇到了如何能够在一天之内全部回复这些邮件的问题。

如果不断地回复邮件的话，工作就会停滞不前。但是，面对鼓起勇气来咨询的人，也不能敷衍了事地回复对方。总之，我在提高速度不断地回复信件之后，就注意到了可以设置几种不同的预设回复，而这就是可以缩短时间的部分。

比起复制粘贴，
用自定义短语写邮件更快

邮件的正文内容基本上要使用预设回复。这样的情况下，事先把邮件内容制作成预设的邮件回复，就可以避免不必要的时间浪费。

在这个固定格式之中，再加入具体的事件，就是一封回复给对方的邮件了。这其中的重点是不要在编辑正文时一一地复制粘贴。

我所采取的方法是自定义短语设置。

打“h”的话，就会出现“你好”“晚上好”“非常高兴能收到您的邮件”“今后还请您多指教”。按下 y 键，就会出现“非常感谢收到您的邮件”“misato@yugacelebrity.co.jp”“感谢您注册邮件杂志”“非常感谢您阅读本邮件杂志”这一类的句子。按下“x”的话，就会出现诸如“谢谢”“感谢您的支持”“感谢您对问卷回答的支持”等句子。

比起复制粘贴，这种自定义短语的方式能更快地完成邮件的编辑。从今天开始就试试看吧。

似乎也有人认为，要使用自定义短语这个功能，还要挨个将短句输入进去十分麻烦。只要输入好一两个就足够了。

但是，考虑到之后的效率的话，我认为输入短句时所花费的功夫不是问题。输入进去的短句的存量越多，编辑邮件时所花费的时间就越短。因此，请多输入一些短句。

即便不去考虑短语的增加标准，在写邮件的过程中，**如果出现了没有设置好的短句，就立刻新增进去。**我会把觉得用到过两次以上的短句，新增到自定义短语里面。

而且，不必把整个单词都输入进去，使用拼音的话，只需要按一下最开始的字母，如按下“y”“x”就会出现句子。

自定义的句子增加之后，只需要按一下字母，就会出现很多备选项。因此，直接从这些选项里面选择一个，比起自己动手打字可以更快地完成邮件的回复。

为一个按键设置 5 个左右的备选项，就可以毫不犹豫地一眼选择出需要的选项。

邮件帮你节约一小时

邮件的回复使用预设回复、自定义短语的话，就能更快地完成回复。因此，不必一整天都查看邮件。

难得留出能够坐在电脑前面集中精力工作的时间，却要把时间都花费在随时查看邮件上面，实在是非常浪费。

在工作与工作之间的空余时间，快速地浏览邮件，按照浏览顺序迅速地进行回复，只是这样每天可以节约一小时。提前设置好自定义短语的话，从前需要花 5 分钟来回复的邮件，现在只需要大约 10 秒就可以完成了。

另外，如果是自己这边有重要的事情，或者需要查询后再发邮件的情况，则要在谷歌日历中，把事情和收件方的电邮地址复制进去。

如果有需要确认过事情之后再进行回复，或是修改过后再进行委托等事情要做，请把此类事项一并记录到谷歌日历中。当这些事情完成后，再给相应的收件人发送邮件。

或许有的人会觉得不一一查看过邮件不踏实。这样的话，要提前定好一定的查看邮件的时间，在这个时间段里一口气进行回复，大体上就没问题。

早晚各一次，如果还觉得不放心的话中午再增加一次。保留出来利用零碎时间查看邮件的时机，只要定好立刻回复邮件的规则就可以了。

最重要的是，如果没有这样的规则存在，一整天只是查看邮件并回复，工作是不会因为做了这些事情就结束的。那么，也就无法专注于原本的工作了。

基本要求是不在必须集中精力的时间段查看邮件。此外，在可以查看邮件的时间里，要遵守即刻回复的原则。

同样的事情集中到一起做更有效率。因此，在邮件回复的问题上，比起每次单独回复，集中在一起一口气回复完更好。回复社交网站上的消息也是一样的道理。

那么，在今天的内容中，对于占据了业务中半壁江山的重复性的工作和邮件，我们学习了通过利用模板来避免不必要的时间浪费。

乍一看是没什么新鲜的技巧，但是如果能完全做到这些，节约出来的时间会令自己大吃一惊。

请现在就试试看。

好了，今天的课程就到此结束了。

F君花费了一个月的时间来设置预设回复，

此后每天
节省了30分钟。

为公司提出了
使用预设回复的方法，
得到奖金3万日元。

Day 11

第十一天

用好你的碎片化时间

如何处理“五分钟就能完成的事情”

我想，在第 9 天的课程中，大家知道了每天都详细准确地计时后会发现，自己在工作的时间中，也有很多零碎时间。

在那节课中，讲了能最大限度削减被浪费的时间的方法。即便如此，我们还是会有 5 分钟或 10 分钟的空白时间。

比如，在开会前的时间或等人的时间、准备给对方回电话的时间、移动至下一个场所时花费的时间等。

让我们把这些时间看作应该利用好的零碎时间，每天都把它们充分地利用起来吧。

首先，把要利用这些时间做的事情，列入第 2 天课程中所讲过的“五分钟就能完成的事情”清单。

坐在办公桌前，准备在 5 分钟后给对方回电话的时候，如果觉得时间有空余的话，就立刻拿出清单，迅速地从上至下，按照优先度或者时间的紧迫程度，完成三个左右的事项。顺便一提，不可以主动要求对方给自己回电话，因为这样自己宝贵的时间会被打断。

在给对方回电话的前几分钟里，如果开始了下一项工作，在完成的过程中就会被打断一次，这样就不能集中精神专注地完成工作。因此，把之后计划要做的工作错开，就把这段时间当作处理“五分钟就能完成的事情”的时间吧。

大致上，这样在每次的零碎时间中，都完成 3 件左右的事项，在一天结束的时候，清单中的待做事项应该已经减少很多了。

最可以利用起来的，就是开会的时间了

不在自己办公桌前的时候，也会产生零碎时间。甚至可以说，反而是人不在办公桌前的时候，所产生的零碎时间会更多一些。

最可以利用起来的，就是开会的时间了。

等待人员到齐会议开始的这段时间，不利用起来做点事情实在是太浪费。这个时间段是可以利用起来的最佳时机，让我们在这段时间里处理大量的杂事吧。

查看邮件以及回复、搜索资料等，可以说在这段时间里很多杂务都能完成。

在会议过程中，有很多人什么事情都不做，只是听会。如果这个时候带着笔记本电脑的话，这段时间就可以工作了。

当然，如果是以自己为中心举办的会议，当然要全神贯注。但是，也有很多会议只是在拖拖拉拉地重复着同样的事情，或者只是照本宣科地读着分发下去的会议概要。那么，在一开始领到会议概要或者资料的时候，迅速地浏览并把握其要义，剩下的时间就当作自己的时间继续工作吧。

习惯了之后，甚至可以一边记录会议概要一边工作。

如果使用前面课程中讲过的邮件短句速打的方法，只需要敲击四次左右，就可以完成一封邮件的回复。因此，查看邮件和回复邮件放到这样的时间来做就可以。

会议开得太频繁占据了自己的时间……有这样感叹的人，只因为让自己的身体困在了会议中，而什么都不去考虑。即便身体被拘束着，但是头脑依然可以自由运转。因此，请不要浪费这个机会，好好利用起来。把这些时间看作零碎时间，思考可以在这段时间完成哪些事情。那么，会议也是很好的利用机会。

如何在商谈中回复邮件

在一对一的商谈之中，如果有意寻找，也可以像在会议中一样，找到可以利用的零碎时间。现在使用笔记本电脑进行商谈是主流。另外，在公司的会议等场合中，携带笔记本电脑，也可以提前准备好资料。

不论怎样集中精神进行谈话，总会有被打断的时候。在这样的时间里，可以查看邮件，如果有需要尽快回复的邮件也可以当即回复对方。

按照短句速打的方法，**敲击 4 次就可以完成邮件的回复**，确保这样的状态，也可以做到一边谈话一边回复。

另外，在商谈的过程中，如果遇到了需要向某人确认某件事情，或是通知某件事情时，要当时就打电话。如果电话无法接通，就给对方发一条短信。这样的事情，也要在商谈的过程中做。如果留到之后再做，只会造成时间上的浪费。

过去，在与别人交谈的时候，必须要集中精神认真听才行。如果一边听别人说话，一边玩弄手机，则是不礼貌的表现。这是以前的常识规范，但也是缓慢流逝的旧时代的常识。现如今，在商务会谈的过程中，也可以自然坦率地顺便处理其他工作。这已经成为能干的商务人士的必备能力。另外，我感觉人们对于这类事情的态度，相较从前也变得宽容多了。

如今，即便是在会议中，如果接到了非常紧急的电话，接通电话应答也变成了理所当然的一件事。

在现代，比起礼仪礼貌更加重视工作效率，这一点正在成为新的常识。

在这样的现状下，如果在会议或者商务会谈的时间里，还保持着过去的状态，像是盼望着早点下课的学生一样，只是呆坐在会议席位上的人，可以说是效率低下、贡献度极低的人。

一面保持着不使对方感到不快的最低限度的礼仪，一面积极地思考如何把与人会面的时间当作自己的时间来利用的方法吧。

如何利用上下班时间

尽管从零碎时间的角度来看，上下班等的移动时间是一段相当长的时间。但是，很少人会把这段时间利用起来，实在是非常可惜。

大家眼中的那些有钱人，之所以选择乘坐出租车这种出行方式，并不是因为有太多钱的缘故，而是因为想有效地利用移动中的时间。相应地，移动时间是很宝贵的。

走路的时候，可以通过听的方式来让这段时间成为学习的时间。

我也在制作 Podcast 的教学材料。最近，有了很多这样的 Podcast 和其他的声音学习材料。因此，如果采取这种方式，也就不再需要另外找时间学习了。

但是，如果只是听听音乐，或者傻等车什么都不干的话，就完全是在浪费时间。

如果上班时间单程需要一小时的话，那么，一天里就会扔掉总共两小时的时间。

在前面的课程中，讲到没有必要在完整的时间里查看邮件，那我们也可以把上下班的这个时间当作查收邮件的时间。

如果早上花一小时来查看并回复邮件的话，那么在到达公司之前，和邮件有关的工作就处理完了，也就可以立即着手做自己原本的工作。

之后，只要在会议和商谈的空闲时间中，查收并回复邮件，也就没有必要留出完整的查看邮件的时间了。剩余没有查看的邮件，在回家的路上处理掉就可以了。使用智能手机的话，即便不用自定义短语，输入过一次的内容就会自动地显示出来，因此，反倒能快速地回复邮件。使用 Gmail 的话，在电脑上也能确认到回信。

环视车厢中的乘客，就会发现绝大部分人只是在打游戏消遣，或者在 Line 上聊天而已。这段时间如果用于读书、听 Podcast、查收邮件的话，工作上会有效率得多。**如果你做了绝大部分人没有做的事情，在技能上产生差距也就不难理解了。**而这个差距就会成为年薪上的差距。

顺便一提，最近比起收发短信，Facebook 和 Line 等工具成为人们交往的主流方式，越来越多的人一整天都在查看这些信息。这类 SNS 上的信息，基本上也全部要在零碎时间中进行查看与回复。

即便是在相处上有必要，在工作时间里逐一进行查看也会花费非常多的时间，而这也不能算是在工作。在去开会的路上，只要迅速地浏览并且大量点赞，就会被看作一个在认真查看这些信息的人。

如何用午休时间调整工作进度

我们在前面提到，基本上今天之内要做的事情当时就完成是最好的。但是，总是会有无论如何也无法当天就完成的事情。

遇到这样的情况，可以使用零碎时间。

但是，即便如此也完不成，非常令人头疼。有这些感慨的人，应该看看还有没有未被利用的时间。

到了吃午饭的时候，会有午休时间，可以利用这个时间来完成没有完成的事情。

竟然连这种时间都要用来工作吗？有这样想法的人，是工作意识十分低的人。

因为我是经营者，所以，站在雇用员工并支付他们工资的一方的立场上，说句十分严厉的话，可以说效率低下、工作无法按时完成的人是没有休息的资格的。

应该严格保证休息时间，这是被雇用一方的想法。在支付工资的一方看来，工资是对工作成果的报酬。因此，如果无法拿出与工资相符的成果的话，是没有资格提休息、休假之类的要求的。

因此，如果今天的工作内容没有进展，或是应该立马完成的事情还没有完成，应该在午休时间进行调整。无法学会这样的思考方式，就不可能成为一个工作上很能干的人，收入恐怕也不会有所增加。

当然，如果能整理好自己的物品、时间和头脑，也就没有牺牲休息时间的必要了。为此才有了这本书。

如何让自己轻松

工作与生活之间应该有一条泾渭分明的界线，该休息的时候就休息。这样的想法是主流想法。但是，我并不赞成该做的事情还没有完成就去休息。

这不仅仅是一名经营者的想法，其实也是我从小到大的习惯。

以前念书的时候，我会把所有的教材放在学校里。在家的时候什么都不学习。

这样说来，好像是讨厌学习的问题小孩一样（笑）。其实，当日的作业等学习内容，我全部都在学校休息的时间完成了，也就没有必要在家里学习了。

因此，到家之后，我有充分的时间可以写自己喜欢的小说，而成绩也还说得过去。

在补习学校教学生的时候，我也会告诉大家："'在家必须学习'，当你这样想的时候就会开始玩耍。但是在这里就学完，在家就不必想着学习的事了。"

"必须做"其实无须这样去想，当时立刻就做才是最重要的。

如果在休息的时候就完成作业的话，就不必回到家之后还要想着“必须做作业”，也可以去做自己喜欢的事情。因此，我都会立刻做完。

即便每次休息都只有 10 分钟、15 分钟左右，如果上 6 小时的课,那么就有 5 次休息,全部加在一起就会有一小时左右的时间。如果这些时间还不够，只要在上课时候再完成一点，当天的作业、复习和预习基本就可以完成了。

“这些还是留到之后再一起做吧。”有了这样的想法就只会让自己提不起干劲来，也就不会有自己的自由时间了。

在零碎时间里完成要做的事情，**最终是为了让自己轻松。**

并不是为了成功就可以不做杂务

到此为止，我们介绍完了利用零碎时间的方法。基本上“一切杂事都在零碎时间里处理完”是其铁则。

然后，在面向办公桌集中精神工作的时间里，要彻底忘干净这些杂事。

在处理重要工作的过程中，如果脑袋里还惦记着杂事，就会让头脑不清醒，因此出现失误或者无法想出好点子。

为了产生金钱，首先需要最基本的时间。因为想要在众多信息之中以及广泛的素材里面创造出自己独特的想法，就要花费时间。

而且，在这样的时间里，自己是非常兴奋的，对每一件事情都非常好奇，很想尝试看看。只有在这样的环境中，才能涌现出好的点子。

在忙于杂务的状态下，即便有这样的想法也会心有余而力不足。因此，也就不可能会有令自己兴奋的时候了。

“紧急性高但是重要度低的事情，可以不用着手去做”“即便不是特别紧急，但是非常重要的事情，才是应该去做的”，应该有很多人听说过这样的说法吧！

这是永远的畅销书《高效能人士的七个习惯》中介绍的，广为商务人士所熟知的成功的秘诀。

但是，如果完全相信这些说法是很危险的。

虽然“重要程度低”，但是这并不意味着可以不做“紧急程度高”的事情。在《高效能人士的七个习惯》以及其他的励志与成功类书籍中，介绍到遇到此类事件时“可以不用做”。但是，写出这些书籍的人，要么是自己不想做这些事情但是也做完了；要么就是他已经雇用了一位可以替他做这些事情的秘书。

而普通人就是因为不会做这些事情才会读这些书籍。在现实工作中，要接连不断地完成“重要程度低但是非常紧急的杂务”，这是工作中必须做的事情。

问题在于，要如何高效率地处理完这些事情，以及如何留出能够专心处理“不很紧急但是非常重要”的事情的时间。

因此，才要利用好零碎时间。

在零碎时间里切实地处理完杂务，通过这样的方式，把杂务从自己的脑袋中彻底清除出去，在完成原本的重要工作的时间里，就可以踏实地留出充足的时间了。

相反，做不到这样，却为了要做重要的事情，勉强留出来时间也是没有用的。

光是为了眼前的事情就忙得不可开交的人，首先利用好时间也能有望取得好的成果。

为了重要的工作，处理琐碎杂务、清理头脑很重要。

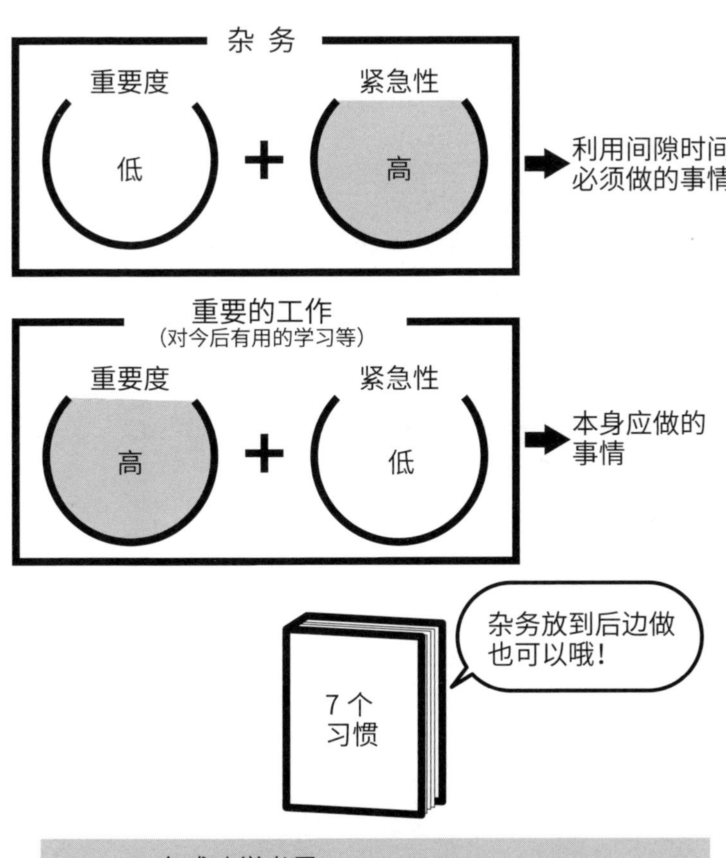

在成功学书里，
上边的杂务放后边做也可以，
建议先进行下面重要的事情，
但是，现实是不做杂务不算完成工作。

想要在重要的事情上投入比别人多一倍的点子和精力的话，一个使头脑清醒并且能充分调动大脑机能的思考环境是必不可少的。

为了能够把精力集中在重要的事情上，那些不得不做的杂事，更应该利用零碎时间处理完，让头脑保持在一个清醒的状态。

到此为止，如何整理好大脑并使头脑保持清醒的要诀大致上就学习完了。

不再浪费时间，提高了工作效率之后，应该比之前多出了很多时间。

那么，从下一次课程开始，就要学习更深入的内容了。

F君利用零碎时间完成了所有“五分钟清单”中的事情，
没有了未完成事项的干扰，头脑中不断涌现出新商品的灵感。
F君被任命负责管理与三家公司的合作项目。

工作时间缩短30分钟，特别奖金每月10万日元。

Day 12

第十二天

如何养成良好的整理习惯

让整理得当的状态成为习惯

如果把此前课程中所有教授过的内容全部落实的话，你一天中应该已经增加了 5 小时以上的时间，在工作上也比以前能干多了。

从物品的整理到头脑的整理，我们已经讲了绝大部分最重要的内容。讲到这里就结束课程也不是不行，但是，在这里我还想告诉大家另一个非常重要的事情。那就是，**让整理得当的状态成为习惯。**

如果没有养成习惯，迄今为止我们学过的东西，也只是在我们身上体验了一把而已，并没有真正把它们学到手。

那么，要怎样做才能培养成习惯呢？说到这个问题，其实非常简单，只要每一天都重复同样的事情就可以了。

人是可以通过重复的动作来养成习惯的。

只读一遍的话可能会忘记读过的内容，但是如果每天都读几遍，自然而然就能记住。

所以，实际上，我希望大家能每天都实践第 1 天的课程内容，只实践第 1 天的内容，如此重复三个月。用这样的方式，把我们迄今为止学过的课程内容全部实践起来。

实践三个月左右的话，大部分的行为都会成为习惯。

只有这样，才能说真正学到了本书中教授的内容吧。

每天睡觉之前该做什么

对于培养习惯最有效的方法，自然少不了重复。除此之外，还要检查每天的状态。

如果稍有不注意，整理好的状态就又会变回从前那样乱糟糟的样子。

比如，好不容易整理干净的办公桌、文件夹的管理、文件和工作安排的关系……很多时候，即便最开始的时候进行得很顺利，经过一段时间之后，抑或在一天即将结束的时候，又会变成没有收拾好的样子。

为了避免这样的情况出现，让我们在一天结束的时候检查是否保持了有条不紊的状态，掌握好整理的情况。

要努力做到每天睡觉之前，留出时间来，至少要掌握好自己的状态之后再去睡觉。

哪个文件夹里存放着什么文件，如果有还没来得及整理的东西，何时能进行整理？今天自己利用时间的方式中，有多少时间是被浪费掉了，哪里可以进行调整？

为了能在每天睡觉之前留出时间来确认这些情况，把一天中最后的30分钟时间用来检查，并输入到谷歌日历中，设置成“每天”“重复”。

在进行检查的时候，确认“待整理”文件夹中有多少还没整理的文件，计算好整理这些文件需要的时间，提前在谷歌日历中输入整理的日期。

除了睡前的时间，在公司里准备结束工作之前，也一定要确保进行检查的时间。

如果办公桌上没有收拾好，要把物品重新放置好之后再回去，要让这样的行为成为习惯。

如果没有每天检查的时间的话，就很容易把一些小事拖到明天再做。

如果不能把整理好了的状态保持下去就一点意义都没有了。

因此，应每天都进行检查，并且保持整理后的状态。让这样的事情成为自己的习惯吧。

养成习惯一点都不困难，只要每天都进行重复就可以了。

只要做到这些，脑中就会时常意识到整理得当的状态，也就会对这样的状态习以为常。但是，做不到这一点的人很多，因此，才会变成平均年薪 300 万日元的时代。为了突破自己，即便稍微有些麻烦，也请养成每天都进行检查并保持整理好的状态的习惯。

早上留出时间来掌握要做的事情

和在睡前留出时间检查一样，从早上起床后到开始工作前的时间里，也要留出 30 分钟的时间用来整理。

首先，早上通过谷歌日历，提前确认好今天以及本周内的计划安排。

今天要做的事情，都可以在这个时间进行确认。因此，开始工作之后，只要按计划顺序完成就不用再思考如何安排了。

我们要做的事情是，这个日程的管理（把握）以及今天，或者今天之后，留出 30 分钟以上的时间，筛选出要做的事情。如果有需要做的事情，就要全部输入到谷歌日历中，让它们处于立即可以着手做的状态。

就像我们在之前的课程中讲过的那样，上下班时间也是非常好的工作时间。

要决定好一小时里面要做的事情，比如，用这个时间来查看邮件、读书、听 Podcast 等，这也要放到安排里面。

确认好这些事情之后再出门，就不会在上下班的时间里发呆，可以马上开始处理事情。

但是，实际上，新的一天开始之后，要做的事情就会源源不断地涌来。

这些新涌来的事情，如果是 5 分钟内可以处理好的，就要当场处理好，或者利用零碎时间来处理。如果无论如何都无法在当时处理完，就把它们记录到“五分钟就能完成的事情”里。

掌握好自己的时间之后，要如何挪移时间才能处理完事情，渐渐地就可以计算出来了。因此，要养成把重要的待做的事情记在谷歌日历中的习惯。

决定好时间之后绝对要按时完成

最终，把原定的工作计划更改到了其他时间……在这样的状态下，一天结束了。

“有时是会遇到这样的情况”“做不到的话也没办法”，但是非常遗憾，在这个课程中，是不允许这样的事情出现的。

“因为做不到所以没办法。”请绝对避免这样的状态出现。

如果不去避免这样的状况发生，就会养成习惯，整理好了的良好状态也就无法成为习惯。

一旦决定了要在当日完成的事情，即便为此不吃午饭或减少睡眠时间，也一定要完成它。

逃避它并且毫不在意地把计划拖到别的日子里去做，如果这样的事情出现过几次，那么这件工作一生都无法完成。

决定了要做就一定要完成。把这个原则铭刻在自己心中并且坚持到底。

这样，不论多么小的事情，你都会一旦决定了就能做到。把这个意识灌输到自己的大脑中，养成习惯。

这样，人就会出现巨大的改变。

如果当天无法按照预计的时间完成，一直做到深夜的话，那么下一次就要留出两倍的时间，再在日程表里分别留出 30 分钟的富余时间。

重新计算自己的时间，再一次整理自己要做的事情。

最重要的是决定好了时间之后绝对要按时完成。

最开始时间有所偏差，或是要利用午休甚至加班来努力完成，但是，只要坚持下去，渐渐地你就连气质也会有所改变。

当你变成这样的时候，工作能力自然而然地也会有所提高。

做到了信息的整理才会有好的输出

整理这一习惯，不仅会使人在工作上变得能干，实际上它还是想成功的人必须学会的一件事。

因为，所谓成功的人，就是那些从很小的时候开始，就为自己存储了多于常人的信息量的人。

因为自己也想成功，所以打算从今天开始增加信息的存储量。然而，如果只是这样，普通人还是难以成功。

这是因为，信息量大幅增加会导致信息无法整理。

为什么一定要对信息进行整理呢？

与社会地位比自己高的成功人士见面，是为了让自己成长而一定要做的事情。但是，只是和他们见上一面似乎也没有太大意义。

和高级别的人见面的时候，能建立怎样的对话基础是最为关键的。如果什么都说不出的话，谁都不会提拔你。

要在这种时候能够说出有价值的话，就得平时积攒大量的信息，并且对此进行整理，做到随时能够输出的状态。

不这样做，就无法在关键时刻说出幽默诙谐的话语，自己也听不懂对方所说的话的意思。如果事情变成这样，那么机会就会在一瞬间消失。

即便进行了大量的信息输入，如果连不重要的事情也一并记住的话，也是不可能有好的输出的。

为此，信息的整理才尤为重要。

一旦整理过就可以忘记具体的内容。因此，养成了整理的习惯之后，可以不断地输入新的信息。我们应该记住的只有“什么样的信息在哪里整理过”这种索引部分就够了。只要知道在哪里可以看到详细的信息，那么在有输出需要的时候，就可以比别人更快更好地调用这些信息。

这样，自己也会逐渐被他人认可。

至此，关于习惯养成的课程就结束了。

通过保持整理得当的状态并不断地重复，使其成为习惯。

F君帮助部下养成了良好的工作习惯，
成功建立起能使团队成长的体制。

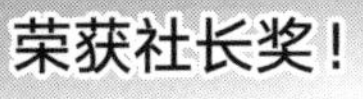

获得10万日元奖金！

团队的一体感增加，
在大项目中取得成功！

Day 13

第十三天

发布自己的信息内容

能够提高年薪的只有具备内容意识的人

迄今为止，我们已经学习了通过整理节约时间的方法，以及让自己比过去提高水平完成工作的方法。

能够全部做到这些的人，会进一步达到可以靠自己的力量挣到钱的水平，并且会不断地进步下去。

能够为公司带来巨大利益的人，即便离开了公司，也可以自己开创出一片事业来。会被其他公司挖角的人才，通常都是具备了“内容意识”的人。

所谓内容意识，就是把生活中的一切都当作信息内容来捕捉，并且有意识地坚持积累，使之随时都可以利用，随时都可以商品化。

为了提高现在的年薪，在信息化社会中，内容意识是不可或缺的。

比如，我们在国外旅行的时候，不只是为了自己玩得开心，如果见到了有意思的事物就把它拍下来，再加上自己的独特感想发布到博客里；比如，热门电影上映的时候，用自己的观点来谈论为什么它会如此热门；再如，拍摄奥运村，在网上定期进行转播。

这些事情，或许会在某一天成为书籍的执笔委托的契机，或者作为全新的商业素材而被做成策划，抑或在新商品开发的时候成为可以参考的内容。

在幸运地得到和成功者见面的机会时，它还可以为你提供有趣的话题，或许你还会因此得到对方的赏识。

而且，时常进行信息内容整理，就可以在需要的时候快速地、自由地使用。

只需要改变意识，自己就不再只是单纯地消费每天接触到的事物，而这些事物也会以有益的、独特的信息内容的形式重新出现在你眼前。

而且，在不断积蓄的过程中，它们终有一天会变成巨大的力量。

如何通过信息培养好人缘

作为信息内容积累起来的东西，就是“可以成为素材的东西”。在第 8 天的课程中，讲述过要暂且把这些东西作为数据储存起来。

但是，所谓能赚钱的人，就是可以更进一步把储存起来的素材以某种形式发布出去的人。

话虽如此，也请不要因为“可是我也不是社会上的那些名人，每天在往返于公司和家的两点一线中也没有什么好素材”这样的想法而退缩。

不论是多么细微的事情，都要先做到坚持收集素材。

现在，有很多便于个人发布信息的工具，比如博客、推特和 Facebook 等。这样的工具要多少有多少，只要愿意，任何人都可以向全世界发送信息。

但是，会持续地在这些地方发布信息的人并不多。大部分人只会在偶尔有活动的时候上传一些照片，抑或和别人聚餐的时候，发布一些只允许好友查看的图片。

然而，如果带着自己的独特视角，每天不论面对多么细微的事情，都不把它当作理所当然的事情而忽视，而是积极地去发现它的不同之处并且坚持这样做，久而久之，它们就会变成宝贵的信息内容，重新展现在大家的面前。

曾经有一个人每天乘坐电车上下班。在车厢里看到迪士尼公园的停车场，这个人就把它拍了下来，并且每天都发布到雅虎的留言板中。

这个人所做的只是在上下班的途中随手拍张照片，不用花费太多工夫，也不需要特意去某些地方，就可以把信息内容积累起来。

然而，通过一年的积累，这个人得到了该停车场在同时段里的停车状况的宝贵数据，从而受到大家的欢迎。而且，通过整年的观察他还知道了最难停车的日子。

即便是对自己而言理所当然的信息内容，只要把它们积累起来，就有可能变成别人需要的信息。

如何提高抓住机会的可能性

就像上个例子一样，可以成为信息内容的东西其实到处都是。

但是，如果你还用和以前一样的意识来对待的话，就算是再好的素材出现在眼前也无法意识到。

然而，只要有意识地去播报内容，就可以注意到其实在我们身边到处都存在素材。

去某个餐厅吃饭，就配上照片，再发布："在某某餐厅，点了午餐菜单的某道菜，真的好好吃。这家店就在……"如果是读了一本书，就发布自己读后的感想。

如果喜欢每个周末都去看电影，就每周发布一些简单的影评吧。比如，"在某某影院观看了某某电影。五星满分的话可以打四星"。

不需要写一些很高深的评论，或者一些很长的内容。像这样简单的内容，任何人都可以在几分钟之内写就并发布。

这样的内容在一段时间内来看，可能都还只是一些很简单的记录。但是，如果积攒了100个、200个，甚至是1000个的时候，成为数据的价值就会渐渐出现。

一个人的话可能不会积累太多的数据。但是，如果其他人可以在你的网页上发布的话，就可以让你网站上的信息内容快速地充盈起来。自己要有意识地发布信息内容并有意识地让他人收集信息内容，这两种意识都要具备。

重点在于，每天都持续不断地坚持下去。如果自己不先主动发布，别人是不会主动来为你增加信息内容的。

但是，也不需要为此去特意安排时间做，像是在上下班的途中，只要花费几分钟就可以了。

一直坚持不断地积累，素材就会作为信息内容具有被评价的价值。进而在某一天，你可能还会因为某些契机而得到意想不到的机会。

发布迪士尼乐园停车场状况的网站，对于要去迪士尼的人来说是有用的信息，因此网站的访问量才会增加。所谓高访问量，就是为人们提供了有用的信息内容的证明，这些访问量可以通过网页广告来换取金钱。

如果持续对自己感兴趣的内容发布独特的评价，会被看作这个领域的达人，在网络上得到认可，甚至还有可能见到该领域的知名人士，而这就会成为你开辟全新道路的机会。

有的人只用一个人气网站，每年就可以赚取 1000 万日元。

如果你觉得这是天方夜谭，还像之前那样什么努力都不去做的话就完了。

因为只有坚持不懈地积攒素材，并把它们作为信息内容发布出去的人，才有可能在关键时刻抓住机会。

能令人高兴的只有独特视角的信息

自己在发布信息内容的时候，还有一件和坚持下去同等重要的事情。

那就是，如何确定他人会关注的信息。

不论再怎么坚持拍摄某处的停车场，如果这些信息对别人来说无关痛痒的话，也就只是一个不会被人理睬的信息。

正是因为那是大家都非常关心的迪士尼的停车场，人们才会认为这些信息有价值。

现在，在Facebook等SNS网站上，大家都想吸引别人的关注，都在为了得到别人的点赞而努力。但是，这并不意味着发布信息内容时，只要单纯地吸引到别人的关注就可以了。

例如，如果在Facebook上面发布一张美女的照片，仅仅如此就可以得到很多个赞，但是这只是令人兴奋一时的信息。照片，别人可能是看了，但是，发布的文章可能就不会有人去看了。

可是，真正有价值的、会令他人关注的信息，是让人想继续看下去的信息内容。

最重要的就是，有属于自己的独特视角。

从别处转发来的新闻，即便能一时间吸引来访问量，但这是任何人都能提供的，并不是只有你才能提供的信息。

“这个人的想法很有意思啊”“这个人和别人不一样”，正是令人有这样感受的信息，才是可以当作信息内容发布出来的。

能让人付钱也想得到的宝贵信息，只有无法被取代的首次信息。已经被人发布过的二次信息就算收集得再多，也不过是和其他人一样的消费者。对于二次信息，请用自己的观点重新整理过再发布。

成功者可以出邮件杂志并且畅销，是因为他们把感受到的首次信息发布了出去。

能够从首次信息中重新做出别人会关注的二次信息的就是成功者。

你也改变意识，从单纯享受二次信息的人，转变为发送自己的首次信息的那一方吧。

任何人都有可能创造有价值的信息

那么，在自己准备从今天开始发送信息的时候，具体该怎么做呢？

如果是喜欢写文章的人，写博客也是不错的选择。但是，如果每天写很长的文章会成为负担的话，只须发布在 Facebook 和推特等网站上面就可以了。

把生活中的所有素材都收集起来的话，就会想把各种各样的事情都发布一遍。但是，此时需要注意的是，发布信息内容时一定要把播报的内容范围缩小到一个主题里。

素材就是未来可能会派得上用场的、现在要收集起来的东西。但是，只有在决定好一个主题之后再开始播报的，才是信息内容。

就算觉得自己并没有什么特别关注的事物，现在也没有什么时间分给自己的兴趣，也可以把公司附近的午餐信息，当作现在就可以开始发布的内容。

既然叫作午餐信息，就只要每天中午去吃饭的时候，把相关的数据发布出去就可以了。

因为无论如何，大家是一定会去吃午饭的，也不需要再特意找时间来做，而且就算有人再怎么对午饭不感兴趣，也一定得去吃饭。

发布的信息里也不需要写一些很高深的感想，只要写“是否好吃”“价格如何”“餐厅的名字和地点”，以及配上必不可少的一张菜肴的图片就可以了。

请把它当作发布信息内容的练习来做，每天都坚持发布这些内容。

这样，自己公司附近的午餐信息就会被基本收集到。

如果公司位于丸之内，可以发布“丸之内午餐信息”；如果位于秋叶原，则可以发布“秋叶原午餐信息”。

午饭是所有人都会去吃的东西，所以，午餐信息是这一带的白领们会喜欢的信息。

既不必因此吃遍全国各地的名店，也不是只有著名的美食评论家才能做的事情。实际上，每天在那些地方吃饭的人的鲜活直观的感想，以及最新的数据，对于有需要的人来说才是有着莫大价值的信息。

这样的事情坚持一年甚至三年，你就会被这一带的人们看作午餐信息内容的发布者而得到认可，甚至会有其他白领或者周边的餐饮店主动来联络你。此外，在这些信息的基础上，如果再加上“500 日元以内”或是“500 卡路里以下”等标签，就会使之成为更加完善的信息内容。刚开始的时候不必把事情考虑得太复杂，总之先把内容意识和坚持下去的习惯学会吧。

来发布职场附近的午餐信息吧！

某某午餐店

地址：

餐单：××、×× 汤

×× 沙拉

价格：×× 日元

这样的价格可以吃到的菜肴，

其中有 ×× 和 ×× 肉，

性价比 4 颗星。

由此成为丸之内午餐信息的发布者！

如何用营销的视角收集素材

刚刚介绍了任何人都能轻松发布的信息内容。最开始从每天都会接触的、别人需要的事情中，寻找能够发布的信息内容的主题就可以了。

进而，请把定期记录素材的习惯保持下去。

此时需要注意的是，记录下自己感兴趣的事物的想法固然好；但是，即便自己不感兴趣，也要关注畅销的东西，或者不那么畅销的东西。

这是培养营销视角的训练。思考畅销或不畅销的原因，为卖出东西提高利益提供帮助。

比如，在回家的电车里，因为非常疲惫所以玩起了龙族拼图（智龙迷城）这个游戏。这样不过是单纯的消费者（用户）而已。如果从“为什么这个游戏会这么流行”的视角来玩的话，就是素材的收集。

在数据上，这个游戏迄今有多少万的下载量，用户层中哪个年龄段的人比较多，盈利的原因是付费道具的充值，等等。这样的信息只要经过查询就能知道，因此把数字和相关的事实记录到谷歌表格中。

更重要的是这之后自己的体验。

“为什么它会卖得这么好？”带着这样的视角，在每天的亲身实践中，就会发现自己切实感受到的原因。玩到入迷连续打了多少小时，到了多少级通关之后就没有兴趣了，类似这样的感受，如果不记下来最终会忘记。保存这样的记录的媒介以博客最为合适。

卖得好的东西只有在自己体验过后才会成为素材

龙族拼图之所以流行的原因已经被报道过若干次了。但是，自己实际尝试后得到的感受，才能产生信息内容的价值。

的确，就像报道的那样，最开始是无须付费就可以玩的游戏。但是逐渐就会需要恢复体力所使用的魔法石。虽然也可以通过免费的方式得到魔法石，但是因为通关失败就此放弃辛苦收集到的角色，未免太过可惜。就在这个时机上，只需要 85 日元就可以得到魔法石的话，就会让人想要购买。

在这样详细的实际感受中，如果注意到了“卖得好的原因，在于推出 85 日元的魔法石的时机”，这就会成为拥有巨大价值的素材。

而且坚持记录，就会保存下源自自己体验的一次信息的数字与感想。这类记录有着具体理由、详细的数据。比如，“截至第几天，可以只靠免费的魔法石来玩游戏”“到了第几天就会购买 85 日元的魔法石了”“购买的理由是什么？因为价格太便宜了”。

有了这些数据，在工作中需要制作促销的游戏 APP 的时候，就可以带着自信提出制作一款像龙族拼图这样的、在关系到游戏通关的巧妙时机中推出道具会受欢迎的游戏。

提出一个从网上学来的企划案谁都能做到。源自亲身体验的素材因为无可取代而拥有强大力量。

从他人口中说出来的话，一定会带着这个人的主观色彩。能否被相信不知道，但是，自己实际做过的事情是毫无疑问会被相信的真正的素材。

这样坚持定期记录自己的素材，毫无疑问，你会越来越接近成功者的思考方式。

带着自己独特的想法，捕捉到所有事物之后，发布属于自己的信息内容也就没有那么难了。

在此之前，坚持每天努力地收集自己的素材吧。

那么，到此为止，第 13 天的课程就结束了。

整理信息是为了发布信息内容，具备了这样的意识之后，头脑也会得到整理。

明天的课程，终于要讲到成为成功者必修的关于金钱的课程。

F君因为提交了分析热门游戏的报告，
得到部长的认可，月薪增加3万日元。

年薪突破
600万日元！

Day 14

第十四天

如何管理金钱

对头脑的整理带动对金钱的整理

终于，为期两周的课程进行到了最后一天。

在课程的最后，笔者想告诉大家的是，能赚大钱的、被称作成功者的人，是以怎样的思考方式来使用并管理金钱的，也就是关于金钱的整理方法。

本书之前所讲的整理方法，是从物品和数据的整理开始，最终做到头脑的整理这样的一系列方法。当整理好了头脑之后，在金钱方面势必也会得到整理。

具体来说，可以清楚地掌握资金的状况。比如，每个月的生活费需要多少、其中伙食费占全部生活费的百分之多少、与学习相关的支出比例是多少、固定资产有多少、流动资产又有多少……

不需要用 P/L、投资组合等比较高深的方法来管理，也不需要特意准备一个家庭收支账簿。

最多准备一个小孩子用的零用钱账本就足够了。但是，为了整理好自己与金钱相关的数字，也有必要做记录。

现在，各个金融机构的户头信息，都已经不再使用纸张，而是全部使用 PDF 或者表格等文件，可以下载到用户的电脑上。因此只要每个月进行一次数据整理就可以了。

如果下载到的是表格文件，则直接原样粘贴到谷歌表格里面。如果是 PDF 文件，只需要输入月末余额等几项必要的数据就可以了。

关于记录自己的开销状况，输入现金的消费记录还需要额外花费时间，因此请尽量刷卡消费。只要有了刷卡消费时的明细记录，就可以大体把握自己的用钱情况。

只要用这样的方法定期记录，就可以像记录时间开销那样，可以看到自己在用钱的时候有哪些浪费的部分。自然而然地，金钱就会逐渐积攒起来了。

购买不需要的物品
就是三重浪费

成功者身上共通的一点，就是绝不会把钱用在刀背上。

和时间一样，无论是多么富裕的人，都不会在没用的东西上浪费钱。

而且，成功者的头脑已经整理好了，能清楚地知道自己拥有哪些物品、需要哪些物品，因此不会去购买不必要的物品。

如果是自己所需要的物品，就会在当时购买，一旦不再需要了就会立即处理掉。这样，基本上除了食品和消耗品之外，不会有新购买的东西。

有的人喜欢逛街购物，一有新商品发售就会去买。与其说他们是真的想要这些东西，不如说只是为了消除压力而购物。这样的人，不论有多少钱进账，不论到什么时候，都不会成为有钱的人。

另外，买了自己不需要的东西，不仅仅是金钱上的浪费，还会在寻找、挑选上浪费时间，并且造成放置空间上的浪费，是三重的损失。

如果能清楚地知道要避免浪费，可以在购买之前就踩刹车，也就不会购买那些没用的东西了。

有的人会在买了东西之后，因为舍不得而被物品包围着。这样也是一种浪费。

如果距离上一次使用该物品的时间超过一年以上的话，请随即处理掉，在需要的时候购买才更合算，或者最开始就不去购买，而是用租赁的方式来代替购买。

即便是到了需要使用的时候，重新购买了同样的东西，相较于再次购买所产生的金钱上的损失，让东西闲置在那里影响效率，或环境得不到整理从而没有效率的损失更大。

比物品更值得付款的“体验”

那么，有钱的人会在什么事情上花钱呢？那就是，在“体验”这件事情上花钱。

如果花 2 万日元就能吃到西餐全餐的话，他们就会毫不犹豫地拿出钱来吃饭。

“这是因为他们有钱，所以才能毫不心疼地花 2 万日元在一顿晚饭上吧”，如果这样想就错了。

假设你现在的年薪为 200 万日元，你会把同样的 2 万日元花费在不必要的东西上的话，那么，就应该用这 2 万日元去能吃上一顿美好全餐的地方吃饭。

如果不是自己付了钱去体验的话，是不可能了解到比现在更好的生活的。也就是说，一生都无法到达比现在更好的生活。

所以，即便要支付对现在的自己来说有一点勉强的金额，也要创造体验更好的生活的机会。

这样，以前那些被当作理所应当的事情，就会变得不再理所应当。如果不去体验更好的事物，那么，无论何时都无法到达更高的程度。

想知道自己是否有上升志向，看自己是否舍得在体验上面花钱就知道了。

这里所说的体验，也包含学习在内。与学习有关的花费，也叫自我投资，而体验是对自己的一种投资。

要说在体验之外，钱还可以用在哪里的话，可以买的就只有买了之后可以产生金钱的东西了。

举例来说，如果只是单纯地购买自己想要的衣服是浪费。但是，如果是可以让工作更加顺利而购买的衣服，或者是为了参加演讲而购买的衣服，则会以利益的形式返还回来，因而是投资。

此外，购买后可以折换成钱的东西也可以购买。别墅或者高级公寓等不动产是其中的代表。

汽车其实是最为浪费的一笔开销。如果家里没有很小的孩子的话，与其自己拥有一辆车，不如乘坐出租车更为合适。但是，如果是法拉利等稀有的车，因可以折现的价值高而值得购买。

尽可能地不要购买无法成为投资的东西。如果无论如何都非常需要的话，就用租赁来代替购买吧。

如果买了很多之后会变成垃圾的东西，就会影响到整理，进而影响到头脑的整理。这样的话，是无法成为成功者的。

钱包里放着积分卡的人
是攒不下钱的

有钱的人在买东西的时候，会特别注意尽量避免浪费和保存没用的东西。首先，如果钱包里装着很多积分卡，仅仅是这样就会让运气下降，因此，请立即处理掉它们。

如果钱包里面放着钱以外的东西，会让人变成攒不住钱的人，因为这些东西本身就是多余的垃圾。

特别是积分卡，它是“捡芝麻丢西瓜”的典型。所谓“捡芝麻丢西瓜”就是说为了省下一点小钱而浪费自己的精力和时间。

如果考虑到自己在使用积分卡的时候，因为不确定自己是否有这样一张卡，而浪费时间去寻找的话，基本上，通过积分卡省下来的那点钱就变得不重要了。

哪怕只会浪费你一秒钟的时间，这样的东西从一开始就不要才是最好的。

积分卡浪费掉的不仅仅是时间，还有为了存放这张卡而使用的空间。最重要的是，它还会使人为不确定自己是否有这家店铺的积分卡这样的杂事而浪费脑力，因而用在宝贵的体验和提高技能等事情上的脑力也就减少了。

如果无论如何都需要一张积分卡的话，请严格挑选出高额商品的商店，或者经常要去的店铺。一年只去上几次的，或者一个月去一次的店铺的积分卡，要果断舍弃。

现在，人们要买东西的时候也会在网上进行购买。只要搜索就会出现很多结果，令人一不留神就会对比价格或者品质，挑选一番后再进行购买。

乍一看这似乎是一种非常精明的购物方式，不过还是不要这样做的好。

会成为有钱人的人，当自己需要购买一件东西的时候，不会通过搜索后比较的方式去购买,而是凭感觉选择好之后就立即买下来。

在真正购买前花上 2 小时甚至 3 小时进行一番搜索对比后再购买，最终节省下了 3000 日元。相比这节省下来的钱，如果能把为此花费掉的 2 ～ 3 小时的宝贵时间用在学习上的话要好得多。

所以，如果在挑选上没有什么自信的话，不要犹豫，直接购买搜索结果中的第一件商品吧。

世界上最为宝贵的东西，就是当下和时间。

有个笑话，讲的是有一位太太，为了能买到便宜 1000 日元的商品而四处去逛特卖店。然而如果计算一下这位太太实际为此花费的路费，却远比节省下来的钱要贵得多。现在这个时代有了网上购物，因此不需要再花费路费了。但是，为了能买到便宜东西而损失的时间，才是更加昂贵的代价。

你的优先顺序是什么

如果真的希望自己成为成功者的话，是不能只相信社会上普遍流传的常识的。

“想要成功，首先就要存下钱来”，你是否有这样的想法？

实际上，这样的想法也是错的。

“要结婚的话，首先得存上 100 万日元。因为婚后会有孩子，考虑到花在孩子身上的教育的钱，每月还得再多存下 ×× 万日元……”可能越是这样做打算的人，越会被看作成功者。然而这是大家的错误认知，只不过是任性的规则而已。

即便这样的人生规划丝毫不差地实现了，以这样的程度来看，也远远称不上成功。

真正成功的人，不以社会上的一般规则为准绳，有着自己的优先顺序。

在自己的人生中，应该把什么放在第一位？考虑过这一点之后再使用金钱。因此，也就不会因为眼前的存款金额而感到高兴或忧虑。

如果放在第一位的是“提高现在的年收入”的话，就会不惜为此花费时间和金钱。而花费在休闲娱乐或者一时的快乐上面的时间和金钱则会全部被节省下来。

在书籍、讲座、交流会等这些事物上花费的金钱，都是提高自己技能所必需的事物，因此不可以省掉这类开销。

自己现在的年收入还很低，也没有什么钱。所以，哪怕只有一点点，也想攒下一些钱。从结果来说，这样的想法会让你成为终其一生年薪都不会有所提高的人。

只有把收入的四成
拿来自我投资的人才能成功

我认为，不论一个人的年薪有多少，能否把收入的四成用在自我投资上，就是一个人能否成为成功者的分界线。

如果站在普通的资金管理的角度来思考的话，收入的四成，这个比例我想是一个会让人感到相当多的比例。大部分的励志与成功类书籍，对于自我投资的必要性自然有涉及。但是，它们却号召大家在最开始的时候，投入收入的一两成就可以了。

的确，一个年薪在300万日元左右还要努力生活的人，在最开始的时候，扣掉日常开销后，能用在自己身上的投资金额，最高在两成左右。

大家可能会认为，在净收入只有15万日元的时候，即便每个月只是拿出其中的两成，用3万日元已经是非常高的投资金额了。

但只是这样的话，是无法成为成功者的。

即便月收入只有10万日元，每个月也要毫不吝惜地拿出其中的4万日元来为自己投资。只有能做到这样的人，才能真正地成功。

“用掉 4 万日元后，要如何用剩下的 6 万日元来生活呢？”确实，这样的金额支付不起房租等开销。所以，可以采取住回自己家里或者其他方法。不论使用怎样的方法，都要避免固定费用的支出，请死守住占收入四成的自我投资。

如果做不到这样的程度，是不会真正产生“提高年收入，成为成功者”的觉悟的。

“现在过得很困苦，等月薪涨到 12 万日元的时候，就在投资上面增加 1 万日元吧。”有这样想法的人，恐怕一生都不会真正地把成功当作目标。

到年薪有 1000 万日元之前，会增加多少投资的比例就是决胜的关键。宽裕了之后，四成以上的投资比例也可以。

总而言之，在不懈努力地投资之中，最低四成的投资比例，会在某个时刻以收入倍增的方式来回报。

储蓄是死钱。还没有成功的人，不会把钱投资在自己身上，只会储蓄起来。可以说把钱浪费在一时的快乐上的行为无异于自杀。如果想把钱储蓄起来，等到成功之后再做就可以了。

为了让自己感到安心而存钱或者购买保险，这样的行为，就是怀疑自己可能不会成功的证据。自己不相信自己的话，是不可能成功的。

反过来说，如果觉得自己不可能成功，便不会为自己投资而把钱存起来。

如果搞错了顺序，先存钱，存够了钱再拿钱去做别的事情，有这样想法的人，还是认为他是绝对不会成功的比较好。

那么，到此为止，最后的课程也就结束了。

在这一章里，直白地给大家讲述了金钱的整理方法、使用方法和储蓄方法，以及想成为成功者应该怎样做。只有真正能实践这些内容的人才会过上富裕的生活。

最后的课程或许有些难度，但是整体的课程内容对于商业人士来说绝对会有所帮助。请一定在结束了这两周的课程之后，也继续保持下去，让它形成习惯。

另外，本书的前言里写着“让你的一天增加 3 小时”，但是在正文中却写了增加 5 小时。其原因是，为了增加 5 小时而实践的话，实际可以增加 3 小时左右。另外，我想告诉大家的是，在重复实践数次之后，是有可能增加 5 小时的。

最后，衷心地祝愿大家可以通过学习这些课程内容，成为头脑清醒、拥有宝贵的时间、拿得出了不起的成果的人，然后活跃在各个领域中。

F君开始进行自我投资，
不断成长，走向成功。
工资提高
技能提升
终点
经济自由 · 时间自由

凡浪费生命中任何一小时的人，就是不懂人生价值的人。

——达尔文

实践了 14 天的课程的你，

或许已经发现了人生的价值……

后记

“妈妈不论做什么事情都好快啊！”

“而且是特别快哦！”

这是我的双胞胎女儿 6 岁时对我说过的话。

从前，有一首广告歌曲唱：“妈妈的双手有魔力，是一双什么都能做出来的神奇的手。”在孩子看来，妈妈所做的每件事都是那么不可思议。

但是，我的女儿们所感受到的“妈妈做事很快”，可不仅仅是小孩子才会有的感觉。

小时候，在学校里，我是一个“怪人”，当我想做点什么的时候，别人都还没有开始，我一个人就已经做完了。

即便是长大之后，我用 30 分钟完成的事情，其他工作人员大约需要 2 周的时间，而且他们还会说这已经是尽全力在做的结果。

“已经做完了吗？”

“什么时候做的？”

“你是什么时候睡觉的？”

“我还没开始你怎么都做完了？”

“你刚刚明明一直在跟我们聊天，你是什么时候做完了的？”

迄今为止，我已经无数次地听到这类问题了。

每当这个时候，我都会开玩笑回答道：“因为我会魔法，只要挥一挥魔法棒就能把事情做完了。”

当然，用比别人快得多的速度处理工作和学习的规则是存在的，只是大家不知道而已。

如果不告诉大家其实还有这样一种规则存在，我就会被别人当作“非常厉害的人”。但是，实际上，我并没有高人一筹的能力，也没有特别的技能，只不过是发现了能有效地利用时间的规则而已。

而这都是因为我是个不想多花气力的人。从很小的时候开始，对于不想做的事情，我就时常在思考有没有不做就能解决的办法。如果是无论如何都必须要做的事情，就会思考有没有能快速完成，好让我去做自己喜欢的事情的方法。我时时刻刻都在认真思考这些问题，最终偶然地发现了这些规则而已。

其他小孩子都十分认真，非常认同“再怎么不想做的事情也是必须要做的”，也就不会想到还会有这样的方法存在。

然而，我却是一个这样想到了就一定要去这样做的任性的小孩子。所以，不论用什么样的方法，在不想做的事情上，一定要避免耗费过长的时间。

在不断地实践之后，我终于发现了即便是小孩子也能让讨厌的事情在瞬间完成（抑或是看起来瞬间完成了）的魔法般的规则。为此我感到非常兴奋，不停地实践，不停地改善。最终在朋友面前大秀一把，看着朋友们惊讶的样子我十分得意。

“不愿意就是不愿意。”这是我上幼儿园时的口头禅。然而，只是说着不愿意也是没有用的。因为起不到作用就放弃也不是我的性格。长大之后，我也不愿意在自己不喜欢的事情上面花费太多的时间，无论如何都想过上只做自己喜欢的事情的生活。

我正是从这稍微有点不太普通的任性的性格中，发现利用零碎时间，给一天增加 3 小时的魔法般的规则。

以前，我只是把这一规则教给了补习班的学生，还有文化中心的学生，以及线上讲座的学生和参加讨论小组的人。但是，不可思议的是，在只是实践了一部分规则的人身上，出现了令人惊奇的结果。

不过，要使之成为习惯还是要花费不少时间。一时间取得了惊奇效果的学生们，在离开了我的课程之后，又退回到了平均水平，实在是非常遗憾。

所以，花费时间讲授这些方法，或者举办合宿学习会，在自己完全形成习惯之前，希望大家能掌握这套魔法规则。幸运的是，在我有这样的想法的时候，有了这本书的企划。

我以“魔法般的速度”完成了工作与学习等，普通人不会觉得快乐，也尽量不想做这些事情。我之所以能在自己真正想做的事情、快乐的事情还有可以生金的事情上，花费大把的时间，是因为遵循了一定的规则，在瞬间完成了杂务。所以，我才可以做到一边在家抚养双胞胎，一边做到每年 3 亿日元的营业额。

有了这本书，我才能真正地公开“让一天增加 3 小时”的提高工作速度的精华创意，对此我感到非常高兴。

关于这本书里讲述的方法，不要只是看看就完了，如果能实践起来，并且使之成为习惯，把你的宝贵的时间使用在更重要的事情上的话，实在是我的荣幸。

对于读过本书但难以形成习惯的读者，我们为你免费提供实践指导的讲座。

能为你的一天增加 3 小时的“超级时间整理术”讲座：http://aa6.jp/3/2/。

欢迎访问观看。

每天节省 3 小时，把时间用在自己喜欢的事情上。由衷地期待着可以直接和你见面的那一天。

最后，这次得以以书籍的形式来传达自己想法，以我一己之力是做不到的。

在此，要向平时来我的学校上课的学生们、参加讨论会的朋友们、每天支持着我的员工们，还有竭尽全力制作本书的你们表达衷心的感谢。

2014 年 2 月

高嶋美里